하이젠베르크의
『부분과 전체』
읽기

세창명저산책 103

하이젠베르크의 『부분과 전체』 읽기

초판 1쇄 인쇄 2023년 10월 12일
초판 1쇄 발행 2023년 10월 20일

—

지은이 곽영직
펴낸이 이방원
기획위원 원당희
책임편집 조성규 **책임디자인** 손경화
마케팅 최성수 · 김 준 **경영지원** 이병은

—

펴낸곳 세창미디어

신고번호 제2013-000003호 주소 03736 서울특별시 서대문구 경기대로 58 경기빌딩 602호
전화 02-723-8660 팩스 02-720-4579 이메일 edit@sechangpub.co.kr 홈페이지 http://www.sechangpub.co.kr
블로그 blog.naver.com/scpc1992 페이스북 fb.me/Sechangofficial 인스타그램 @sechang_official

—

ISBN 978-89-5586-773-2 02420

세창명저산책

하이젠베르크의
『부분과 전체』
읽기

WERNER KARL HEISENBERG

103

곽영직 지음

세창미디어
MEDIA

머리말

『부분과 전체』를 처음 읽기 시작했을 때, 나는 신선한 충격을 받았다. 물리학을 공부하면서 수식을 외우고, 그것을 이용하여 문제를 푸는 일에만 매달려 있던 나에게 우리가 자연을 이해한다는 것이 무엇을 의미하는지 그리고 측정 결과와 그것을 설명하는 언어의 의미가 무엇인지를 다시 생각하게 해 준 이 책은 나를 새로운 세상으로 이끌어 주는 것 같았다. 그후 양자역학의 발전 과정을 설명하는 글을 쓰면서 내용의 일부를 인용하기 위해 부분적으로 여러 번 읽었다.

그리고 이번에 이 책을 쓰기 위해 『부분과 전체』를 처음부터 끝까지 꼼꼼히 메모해 가면서 다시 읽었다. 처음 읽었을 때와 같은 신선함이나 감동은 덜했지만 한 천재 과학자의 인간적 고뇌를 새롭게 발견할 수 있어서 좋았다. 사실 처음 이책을 읽을 때는 감동과 함께 실망한 면도 있었다. 그때는 자본주의 국가들과 공산주의 국가들 사이의 냉전이 한창이었기 때문에 모든 것을 우리 편과 상대편으로 편 가르기를 하던 시대였다. 그때 나는 나치 정권에 협조했던 과학자는 나쁜 사람이라는 생각을 가지고 있었다. 따라서 이 책의 뒷부분은 제2차 세계대전 당시 나치 정권에 협조했던 자신의 행동에 대한 변명 같아 보였다.

그러나 이번에 이 책을 읽으면서는 그것이 힘든 시대를 살아가야 했던 사람들의 고뇌일 수도 있었겠다는 생각을 하게 되었다. 따라서 처음 읽었을 때와는 또 다른 느낌을 받을 수 있었다. 따라서 『부분과 전체』를 좀 더 쉽게 접할 수 있도록 내용을 재구성해 보기로 했다. 그런데 주로 대화 형식으로 되어 있는 이 책을 재구성하려고 하니 문제가 되는 것이 존댓말이었다. 친구 사이의 대화를 존댓말로 하는 것도 어색하고, 그렇다고 대화 상대자들마다 친소관계를 따져 누구에게는 존댓말을 하고 누구에게는 반말로 하는 것도 어려웠다. 따라서 1장에서 고등학교 친구들과 나누는 대화를 제외한 다른 대화는 모두 존댓말로 통일했다. 긴 대화는 간단하게 축약했지만 핵심 내용은 그대로 살리려고 노력했다. 하이젠베르크는

『부분과 전체』에서 대화의 현장감을 살리기 위해 등장인물의 성보다는 이름을 사용했지만 이 책에서는 모두 성으로 통일했다.

원고를 다 써 놓고 보니 그런 대로 생각했던 것과 비슷한 원고가 만들어진 것 같아 마음이 놓인다. 다만 한정된 지면으로 인해 대화가 이루어진 시대적 상황과 장소 그리고 대화에 참여한 인물들을 설명한, 문학적 감성이 묻어나는 내용을 포함시킬 수 없었던 것이 못내 아쉽다. 독자들이 이 책을 통해 『부분과 전체』가 지닌 사고의 깊이를 음미할 수 있기를 바라지만, 그것이 가능하지 않다면 『부분과 전체』로 독자들을 안내하는 역할이라도 충실히 할 수 있으면 좋겠다.

2023년 가을

저자

차례

1장

—

『부분과 전체』의 저자에 대하여

1) 하이젠베르크의 학생 시절

양자역학을 개척한 물리학자 중 한 사람인 베르너 카를 하이젠베르크Werner karl Heisenberg(1901-1976)는 독일의 뷔르츠부르크에서 중세와 현대 그리스어 교수의 아들로 태어났다. 루터파 기독교 집안에서 자란 하이젠베르크는 음악에도 재능을 보여 그의 피아노 연주 실력은 상당한 수준이었다. 하이젠베르크는 독일이 제1차 세계대전의 패전으로 경제적으로나 정치적으로 많은 혼란을 겪던 시기에 고등학교를 다녔다. 더구나 뮌헨에서는 사회주의자들이 혁명을 통해 바이에른 평의회 공화국을 수립하고 바이마르 공화국과 대치하는 바람에 시가전까지 치러야 했다. 모든 독일인들이 질망하고 있던 이 시기에 하이젠베르크는 바이에른을 중심으로 활동하던 청년운동에 참여하여 활동하기도 했다. 『부분과 전체』의 1장에는 하이젠베르크가 사회주의자들의 혁명을 진압하는 데 참여한 이야기와 청년운동에 참여했던 이야기가 실려 있다.

1920년부터 1923년까지 하이젠베르크는 뮌헨에 있는 루트비히 막시밀리안 뮌헨대학에서 아르놀트 조머펠트와 빌헬름 빈의 지도를 받으면서 물리학과 수학을 공부했다. 하이젠베르크는 대학에 다니는 동안에 일생 동안 동료가 될 사람들을 여럿 만났다. 그중의 한 사람이 볼프강 파울리였다. 조머펠트 교수의 세미나에서 만난 파울리는 가장 가까운 친구였으며, 동시에 가장 신랄한 비판자였다. 『부분과 전체』의 2장에는 하이젠베르크가 파울리를 처음 만나 나눈 이야기가 실려 있으며, 파울리는 이후의 대화에서도 항상 중요한 인물로 등장한다.

대학에 다니는 동안에 만나 하이젠베르크의 인생에 큰 영향을 준 또 다른 사람은 덴마크의 닐스 보어였다. 하이젠베르크의 지도교수였던 조머펠트는 1922년에 괴팅겐에서 개최되었던 보어의 강연에 하이젠베르크를 데리고 갔다. 괴팅겐에서 보어의 강연이 끝난 후 강의 내용에 대해 질문한 것이 계기가 되어 보어와 하이젠베르크는 같이 산책을 하면서 많은 이야기를 나누게 되었다. 이 만남이 인연이 되어 하이젠베르크는 보어의 제자와 동료로 일생 동안 양자역학을 함께 연구했다. 『부분과 전체』의 3장에는 하이젠베르크가 보어의 강연이 끝난 후 보어와 산책하면서 나눈 이야기가 실려 있다.

학부에서 물리학을 공부하는 동안 괴팅겐대학에서 막스 보른과 제임스 프랑크에게 물리학을 배우기도 했고, 데이비드 힐베르트로부터 수학을 배우기도 했던 하이젠베르크는 1923년에 조머펠트를 지도교수로 하여 박사학위를 받았다. 하이젠베르크의 박사학위 논문은 와류의 안정성에 관한 것이었다. 박사학위를 받은 후인 1924년에는 괴팅겐대학에서 보른의 지도를 받으면서 비정상 제만 효과에 대한 논문을 제출하고 교수 자격을 취득했다.

2) 양자역학(행렬역학) 연구

교수 사격을 취득한 후 1924년부터 1927년까지 하이젠베르크는 괴팅겐대학에서 사강사privatdocent로 학생들을 가르치면서 양자역학에 대한 연구를 계속했다. 사강사는 학교에서 월급을 받는 것이 아니라 강의를 수강하는 학생들로부터 수업료를 받는 강사였다. 하이젠베르크는 록펠러 재단의 재정 지원을 받아 1924년 9월부터 1925년 5월까지 덴마크로 가서 코펜하겐에 있는 이론물리학 연구소에서 닐스 보어와 함께 연구했다. 하이젠베르크가 코펜하겐에 머물고 있던 이 시기에 보어와 도보 여행을 하면서 나눈 이야기가 『부분과 전체』의 4장에 실려 있다.

1925년 5월 괴팅겐으로 돌아온 하이젠베르크는 괴팅겐에서 보른, 파스쿠알 요르단과 함께 원자가 내는 스펙트럼의 세기를 구할 수 있는 식을 알아내기 위한 연구를 했다. 괴팅겐에 머무는 동안 건초 열병이 심해져 피부가 부어올라 견디기 어려울 정도가 되자 하이젠베르크는 2주 동안의 휴가를 받아 건초 열병을 일으키는 꽃가루가 없는 헬골란트섬으로 갔다.

건초 열병을 치료하기 위한 요양이 목적이었지만 조용한 곳에서 그는 집중적으로 연구할 수 있었다. 1925년 7월 하이젠베르크는 이곳에서 원자가 내는 스펙트럼의 세기를 계산하는데 성공했다.

하이젠베르크는 전자들이 한 에너지준위에서 다른 에너지준위로 전이할 확률을 계산하기 위해 대응원리를 이용했다. 대응원리는 특수한 조건에서는 양자역학적 분석 결과가 고전역학의 분석 결과로 수렴한다는 원리이다. 보어의 원자모형에서 원자핵으로부터 멀리 떨어져 있는, 큰 에너지를 가지는 에너지준위들은 준위 사이의 간격이 아주 좁아 에너지가 연속적인 값을 가진다는 고전역학으로 분석한 결과와 같아야 한다고 생각했다. 따라서 고전역학의 식들을 이용하여 전자의 전이 확률을 계산하는 데 성공했다.

헬골란트섬에서 돌아온 하이젠베르크는 자신의 연구 결과를 보른 교수에게 제출했고, 보른과 요르단은 하이젠베르크가 얻은 결과를 행렬을 이용하여 새롭게 정리했다. 이렇게 하여 최초의 양자역학이라고 할 수 있는 행렬역학이 완성되었다. 하이젠베르크는 양자역학을 만든 공로로 1932년 노벨물리학상을 수상했다. 『부분과 전체』의 5장에는 하이젠베르크가 헬골란트섬에서 원자가 내는 복사선의 세기를 계산할 수 있는 식을 발견했을 때의 이야기가 실려 있다.

1926년에 하이젠베르크는 정식 대학 강사가 되었고, 동시에 보어의 연구원이 되었다. 1927년에 하이젠베르크는 코펜하겐에서 그의 중요한 과학적 업적 중 하나인 불확정성원리를 발견했다. 위치와 운동량, 에너지와 시간과 같이 서로 관련이 있는 물리량을 동시에 정확하게 측정하는 데는 한계가 있다는 불확정성원리는 양자역학의 중요한 원리 중 하나이다. 고전물리학에서는 측정 방법이 발전하면 모든 물리량을 얼마든지 정밀하게 측정할 수 있을 것이라고 생각했지만 불확정성원리로 인해 양자물리학에서는 그것이 가능하지 않게 되었다. 물리학은 측정된 물리량 사이의 관계를 다루는 학문이므로 측정된 물리량이 존재하지 않는 영역에서는 물리학이나 물리법칙이 존재할 수 없다. 그것은 우리가 실험을 통해 알아낸 물리법칙이 적용될 수 없는 영역이 있음을 뜻했다. 양자역학의 성립 과정에서 불확정성원리의 물리적, 철학적 의미를 놓고 많은 논쟁이 벌어졌다. 『부분과 전체』의 6장에는 슈뢰딩거의 파동역학이 등장한 후 슈뢰딩거와 아인슈타인 그리고 보어 그룹 사이의 논쟁이 소개되어 있다.

1927년에 하이젠베르크는 라이프치히대학의 이론물리학과 교수로 임명되었다. 라이프치히대학에 부임하기 전에 미국 시카고대학에서 한 학기 동안 강의를 마친 하이젠베르크는 영국의 폴 디랙과 함께 태평양을 건너 중국, 일본, 인도를 여행하고 라이프치히대학으로 돌아왔다. 라이프치히대학에서는 젊은 물리학자들을 모아 원자물리학 세미나를 운영했는데 하이젠베르크의 라이프치히 세미나는 코펜하겐에 있는 보어의 이론물리학 연구소 그리고 보른이 이끌던 괴팅겐의 연구팀과 함께 양자역학 연구에서 중추적 역할을 했다. 하이젠베르크가 미국에서 미국의 실용주의에 대해 토론하는 내용은 『부분과 전체』의 8장에 소개되어 있다.

3) 제2차 세계대전과 원자핵에너지 프로젝트

1933년 아돌프 히틀러가 독일 수상이 된 후 나치 친위대의 기관지 《흑군단》에서 하이젠베르크를 '백색 유대인'이라고 비난했다. 유대인의 물리학이 아닌 독일 물리학을 만들어야 한다고 주장했던 필립 레너드와 요하네스 슈타르크를 비롯한 나치 성권에 협조했던 물리학자들은 조머펠트와 하이젠베르크를 포함하는 이론물리학자들과 대립했다. 하이젠베르크는 조머펠트의 뒤를 이어 뮌헨에 있는 루트비히 막시밀리안 뮌헨대학의 교수가 되고 싶어 했지만 나치 정부의 반대로 뜻을 이루지 못했다. 고전음악을 좋아했으며 훌륭한 피아노 연주자였던 하이젠베르크는 그가 피아노 연주자로 참석했던 연주회에서 엘리자베스 슈마허를 만나 1937년 4월에 결혼했다. 다음 해인 1938년에 하이젠베르크 부부는 쌍둥이 형제를 얻었고, 그 후 다섯 명의 자녀를 더 낳았다.

독일의 화학자 오토 한과 그의 동료였던 프리츠 슈트라스만이 중성자를 이용해 우라늄 원자핵을 두 개의 작은 원자핵으로 분열시키는 데 성공한 것은 1938년 12월이었다. 한은 중성자를 흡수한 우라늄 원자핵에서 바륨이 나오는 것을 발견하고 이 사실을 나치의 박해를 피해 스웨덴에 가 있던 리제 마이트너에게 알렸고, 마이트너는 중성자를 흡수한 원자핵이 바륨 원자핵과 크립톤 원자핵으로 분열되었다는 것을 알아냈다. 한과 마이트너는 1939년 1월에 이런 사실을 각각 논문으로 발표했다. 원자폭탄 개발로 가는 첫 단계였던 우라늄의 핵분열은 제2차 세계대전 동안 하이젠베르크의 연구와 밀접한 관계를 가지고 있었다. 제2차 세계대전 동안 미국의 과학자들은 독일에 남아 있는 오토 한과 하이젠베르크가 원자폭탄을 만들 수도 있다고 생각했기 때문에 원자폭탄 개발에 박차를 가했다. 하이젠베르크가 나치 정권 아래서 어려움을 겪으면서 이민에 대해 고민하는 이야기는 『부분과 전체』의 12장과 13장에 자세하게 수록되어 있다.

1939년 7월에 하이젠베르크는 미국으로 가서 시카고대학에서 2주 동안 강연한 후 미시간주 앤아버에 있는 미시간대학을 방문했다. 이곳에서 하이젠베르크는 사무엘 아브라함 구드스미트와 엔리코 페르미로부터 미국으로 망명할 것을 권유받았지만 이들의 권유를 뿌리치고 독일로 돌아왔다. 망명 여부를 놓고 많은 고민을 했던 하이젠베르크는 나치의 박해를 받아 고민하지 않고 독일을 떠날 수 있었던 동료들이 부러웠다고 회고했다. 하이젠베르크는 자신을 낳아 길러 준 고국을 떠날 수 없기도 했지만 수렁 속으로 끌려들어 가는 조국을 미치광이들 손에 고스란히 넘겨줄 수 없다는 생각으로 독일에 남기로 했다고 회고했다. 14장에는 하이젠베르크가 미국을 방문하였을 때 페르미로부터 이민을 권유받는 내용이 실려 있다.

독일이 폴란드를 침공해 제2차 세계대전이 발발하던 것과 같은 날인 1939년 9월 1일에 독일 원자핵에너지 프로젝트(비공식 명칭은 우라늄 클럽 혹은 우란프로엑트)가 출범했다. 9월 16일에 열린 이 프로그램의 첫 번째 회의에는 발터 보테, 한스 가이거, 오토 한 등이 참석했고, 두 번째 회의에는 하이젠베르크와 카를 프리드리히 바이츠제커도 참석했다. 1942년 2월에 카이저 빌헬름 물리학 연구소에서 열린 학술회의에서 하이젠베르크는 '우라늄 핵분열을 통한 에너지 발생의 이론적 근거'라는 제목의 강의를 통해 우라늄 원자핵의 분열을 이용하면 큰 에너지를 얻을 수 있다고 설명했다. 그는 우라늄 핵분열을 위해서는 우라늄 광석에 소량 포함되어 있는 우라늄-235를 농축시켜야 한다고 설명하고, 원자로를 가동하면서 부산물로 얻어지는 우라늄-239(두 번의 베타 붕괴를 거쳐 플루토늄-239로 변하는)도 핵분열 물질로 사용할 수 있다고 설명했다. 그는 이런 과정에는 매우 많은 비용과 인력이 필요하기 때문에 정부의 전폭적인 재정 지원이 있어야 가능하다고 강조했다. 1942년에 하이젠베르크는 카이저 빌헬름 물리학 연구소의 책임자로 임명되었다.

1942년 6월 4일 하이젠베르크는 독일의 무력상이었던 알베르트 슈페어에게 원자핵에너지 프로그램을 핵무기 개발 프로젝트로 전환하는 문제에 대해 보고했다. 이 보고에서 하이젠베르크는 원자폭탄을 만들기 위해서는 엄청난 경비와 인력이 필요하기 때문에 1945년 이전에는 원자폭탄을 만드는 것이 불가능하다고 했다. 그 후 우란프로옉트는 핵에너지 개발에 중점을 두었지만 핵심 전쟁 자원으로 분류되어 군에서 재정 지원을 계속했다. 핵에너지 개발 프로젝트는 우라늄과 중수 생산, 우라늄-235의 농축, 원자로 건설의 세 가지 분야로 분리한 다음, 여러 연구소와 대학에서 나누어 맡아 연구를 진행했다.

한때 우란프로옉트에는 70명의 과학자가 참여했고, 그중 40명 정도는 연구 시간의 절반 이상을 원자핵에너지 연구에 전념했다. 그러나 1942년 이후 원자폭탄에 대한 독일 정부의 관심이 줄어들면서 이 프로젝트에서 일하는 과학자들의 수가 줄어들기 시작했다. 1943년 2월 하이젠베르크는 프리드리히 빌헬름대학 이론물리학과의 학과장이 되었고, 그해 4월에는 프로이센 과학 아카데미 회원으로 선출되었다. 1943년 10월에는 독일이 점령하고 있던 네덜란드를 방문했고, 12월에는 역시 독일이 점령하고 있던 폴란드를 방문했다. 제2차 세계대전이 발발한 후 하이젠베르크가 육군 병기국에 징집되어 독일 원자핵에너지 프로젝트에서 일하면서 겪은 내용은 『부분과 전체』의 14장과 15장에 실려 있다.

그리고 1944년 1월 24일부터 2월 4일까지는 독일에 몰수된 코펜하겐의 이론물리학 연구소를 방문해 보어를 만났다. 하이젠베르크는 『부분과 전체』의 15장에서 과학자들이 원자폭탄을 만들 수 있는 연구에 참여하는 것이 윤리적으로 옳은 것인지에 대해 의견을 듣기 위해 보어를 방문했다고 설명했지만 다른 사람들은 하이젠베르크가 연합국에서 원자폭탄에 대한 연구가 어떻게 진행되는지 알아보기 위해 보어를 방문했다고 주장했다. 일부에서는 하이젠베르크가, 독일이 원자폭탄을 만들지 않을 테니 연합국 측에서도 원자폭탄을 만들지 말라는 의사를 전달하기 위해 보어를 방문했다고 주장하기도 했다. 따라서 하이젠베르크가 이 시기에 보어를 방문했던 목적은 아직도 완전히 해명되지 못한 채로 남아 있다.

1945년 4월 30일 히틀러가 자살하고, 5월 8일 독일이 항복함으로써 제2차 세계대전은 독일의 패배로 끝났다. 전쟁이 끝난 후 독일과 수도 베를린은 영국, 미국, 프랑스 그리고 러시아 네 개국이 나누어 점령했다. 독일을 점령한 나라들은 독일에서 전쟁 중에 진행된 원자핵에너지 관련 연구 내용과 연구 시설, 연구원들을 확보하기 위한 경쟁을 벌였다. 알소스 작전 Alsos Mission은 영국과 미국이 독일의 연구 인력과 연구 결과를 확보하기 위해 수행했던 비밀 작전이었다. 많은 독일 연구소들이 베를린에 집중되어 있었지만 전쟁 중 폭격을 피해 여러 지방으로 분산되었고, 이 중 다수의 연구소가 프랑스 점령지역에 있었기 때문에 알소스 작전에서는 많은 원자핵에너지 연구 자료를 확보할 수 있었다. 하이젠베르크는 독일이 공식적으로 항복 문서에 서명하기 직전에 미군에 의해 체포되었다. 프랑스와 벨기에를 거쳐 영국으로 옮겨진 그는 영국에서 9명의 다른 독일 과학자들과 함께 8개월 동안 억류 생활을 했다.

하이젠베르크는 영국에서 억류 생활을 하는 동안 미국이 일본에 원자폭탄을 투하했다는 소식을 듣고 깜짝 놀랐다. 엄청난 비용과 인력이 투입되어야 하는 원자폭탄 개발이 그렇게 빨리 이루어질 것이라고는 생각하지 못했기 때문이었다. 하이젠베르크가 원자폭탄이 실제로 사용되었다는 소식을 듣고 과학자의 책임에 대해 동료와 토론하는 내용은 『부분과 전체』의 16장에 소개되어 있다. 이 토론에서 하이젠베르크는 자신들이 원자폭탄 개발에 참여하지 않은 것은 단지 운이 좋았을 뿐이라고 이야기했다.

4) 전후 독일 과학의 재건 사업

1946년 1월 3일 영국에 억류되었던 10명의 독일 과학자들은 독일로 돌아갈 수 있었다. 독일로 돌아온 하이젠베르크는 영국이 점령하고 있던 괴팅겐에 자리 잡고 다시 연구를 시작했다. 독일에서는 점령국들의 요구로 카이저 빌헬름 연구소가 폐지되고 영국 점령지에 막스플랑크 연구소가 설립되었다. 하이젠베르크는 막스플랑크 물리학 연구소의 책임자가 되었다. 하이젠베르크는 새롭게 구성된 독일연방공화국 정부와 과학자들 사이의 대화를 중재할 연구 협의회 설립을 주도했다. 그는 이 협의회의 의장에 임명되었다. 1951년에 이 협의회는 독일 과학 긴급 협회와 통합하여 독일 연구 협회가 되었고, 하이젠베르크가 이 연구 협회의 이사장이 되었다. 1956년에는 막스플랑크 물리학 연구소가 뮌헨으로 이전하고, 막스플랑크 물리학 및 천체물리학 연구소로 확대 개편 되었다. 처음에는 하이젠베르크는 천체물리학자 루트비히 비에르만과 함께 이 연구소의 공동 소장을 맡았지만 1960년부터 1970년까지는 단독 소장을 역임했다.

1951년 하이젠베르크는 유럽 핵물리학 연구소 설립을 논의하는 유네스코 회의에 독일 대표로 참가했다. 하이젠베르크의 목표는 유럽에 거대 입자가속기를 설치하는 것이었다. 1953년 7월 1일 하이젠베르크는 독일 대표로 유럽 원자핵 공동 연구소CERN의 설립 협약에 서명했다. 하이젠베르크는 유럽 원자핵 공동 연구소의 초대 소장직을 제안받았지만 사양하고, 유럽 원자핵 공동 연구소 과학 정책 위원회의 위원장을 맡았다. 1953년 12월에 하이젠베르크는 알렉산더 폰 훔볼트 재단의 이사장이 되었다. 그가 이사장으로 있는 동안 이 재단은 78개국의 550명의 과학자들에게 연구비를 지급했다.

1957년에 하이젠베르크는 18명의 원자물리학자들이 동참한 독일의 핵무장을 반대하는 괴팅겐 선언문에 서명했다. 그는 정치가들이 이 선언문을 무시하더라도 적어도 국민들을 설득하는 데는 효과적일 것이라고 생각했다. 1961년에 그는 튀빙겐 각서에 서명했다. 이로 인해 정치가와 사회 각계 인사들이 참여하는 핵무기 관련 토론회가 개최되었고, 독일 여론이 핵무장을 반대하도록 하는 데 기여했다. 제2차 세계대전이 끝난 후 하이젠베르크가 독일 과학의 재건과 독일의 핵무장을 반대하기 위해 벌였던 활동들은 『부분과 전체』의 17장과 18장에 설명되어 있다.

1969년에 하이젠베르크는 대중들을 위하여 자서전 『부분과 전체』를 독일에서 출판했다. 하이젠베르크는 1976년 2월 1일 신장암으로 세상을 떠났다. 다음 날 저녁 그의 동료들과 친구들이 물리학 연구소에서부터 그의 집까지 촛불을 들고 행진한 다음 그의 집 문 앞에 촛불을 내려놓았다. 1980년에 하이젠베르크의 아내인 엘리자베스가 『비정치적인 사람의 정치적인 일생』이라는 제목의 책을 출판했다. 이 책에서 그녀는, 하이젠베르크가 첫 번째로 자발적인 사람이었으며, 두 번째로는 뛰어난 과학자였고, 세 번째로는 재능 있는 예술가였으며, 마지막으로 의무적인 측면에서 정치적인 사람(호모 폴리티쿠스)이었다고 평가했다.

2장

『부분과 전체』를 읽기 위한 사전 준비

1) 『부분과 전체』를 쓴 목적

하이젠베르크가 그의 자서전인 『부분과 전체』를 쓰기 시작한 것은 그가 철학과 종교에 관한 대중 강연을 하기 시작한 1966년부터였다. 그는 자서전에 과학의 목표, 양자역학에서의 언어의 문제, 수학과 과학의 요약, 물질의 분할 가능성 또는 칸트의 이율배반, 기본적인 대칭과 실증, 과학과 종교와 같은 내용을 포함시키기로 했다. 그리고 당시의 상황을 생생하게 전달할 수 있도록 그가 만났던 사람들과의 대화 형식으로 내용을 구성했다. 처음 그는 이 책의 제목을 '원자물리학에 대한 대화'라고 할 생각이었지만 출판 전에 『부분과 전체』로 제목을 바꿨다. 1971년에는 영국에서 『물리학과 그 너머: 만남과 대화』라는 제목으로 번역 출판 되었다. 그 후 『부분과 전체』는 전 세계 여러 나라에서 번역 출판 되어 세계적인 베스트셀러가 되었다. 우리나라에서는 『부분과 전체』가 두 번 번역 출판 되었다. 첫 번째 번역본은 1982년에 지식산업사에서 출판되었고, 다른 하나는 2020년에 서커스(서커스출판상회)에서 출판되었다. 이 책을 쓰는 데는 두 권을 모두 참고했다.

- 하이젠베르크 지음, 『부분과 전체』, 김용준 옮김, 지식산업사, 1982.
- 하이젠베르크 지음, 『부분과 전체』, 유영미 옮김, 김재영 감수, 서커스, 2020.

하이젠베르크는 『부분과 전체』의 서문에서 이 책을 쓰게 된 동기와 목적을 다음과 같이 설명했다.

과학은 사람이 만든 것이라는 것을 생각해 본다면 형이상학과 자연과학 사이의 단절을 메울 수 있을는지도 모른다. 물리학은 실험의 의미에 관해서 토론하고 숙고하는 과정을 통해 발전하게 되므로 원자물리학의 발전 과정을 주로 다룬 이 책에서는 토론이 중요한 부분을 차지한다. 사회적이고, 철학적이며, 정치적인 문제들도 자연과학과 분리될 수 없기 때문에 이런 주제에 대한 토론도 자주 등장한다. 이 책을 통해 현대과학의 탄생과 발전 과정에 있었던 자연에 대한 사고 전환의 과학적 그리고 철학적 의미를 전달하고 싶었다.

하이젠베르크는 이 책의 제목을 『부분과 전체』로 정한 이유에 대해서 정확히 설명한 적이 없다. 따라서 『부분과 전체』의 내용을 통해 제목의 의미를 유추할 수밖에 없다. 『부분과 전체』에서 하이젠베르크가 가장 중요하게 다루는 주제는 개별적 사실과 이를 아우르는 전체적인 연관성이다. 하이젠베르크는, 고대 그리스의 철학 전통에서는 개개의 과학적 사실보다는 전체적 연관성을 중요시했다고 보았다. 그러나 근대

과학이 발전하면서 전체적 연관성보다는 개별적 사실에 주목하게 되었다는 것이다. 그리고 실증주의 철학자들은 전체적인 연관성을 나루는 형이상학적 논의를 불분명한 논쟁으로 치부해 버렸다. 그러나 양자역학을 만든 보어나 하이젠베르크는 실증주의자들의 생각에 반대하고 전체적인 연관성을 다루지 않는다는 것은 자연에 대한 이해를 포기하는 것과 같다고 주장했다.

이런 맥락에서 볼 때『부분과 전체』에서 '부분'은 개개의 과학적 사실을 나타내고, '전체'는 전체적인 연관성을 의미할 것이다. 전체적 연관성이란 자연의 모든 현상에 적용되는 가장 기본적인 법칙, 다시 말해 만능이론Theory of Everything과 같은 것을 뜻하는 것으로 보면 될 것이다. 하이젠베르크는, 과학에서는 경험이나 실험을 통해 객관적 사실을 알아내려고 노력하지만 원자보다 작은 세상은 우리가 직접 경험할 수 없기 때문에 그것이 가능하지 않다고 했다. 따라서 전체적인 연관성마저 포기한다면 원자의 세계에 대해 우리가 할 수 있는 이야기가 아무것도 없다는 것이다.

2) 『부분과 전체』의 특징

　『부분과 전체』의 특징은 다음과 같이 몇 가지로 요약할 수 있다. 첫째는 양자역학의 성립 과정이 자세하게 설명되어 있다는 것이다. 하이젠베르크와 함께 양자역학을 만드는 데 큰 공헌을 했던 닐스 보어, 볼프강 파울리, 아인슈타인, 슈뢰딩거와 같은 인물들이 양자역학의 철학적인 면과 과학적인 면을 놓고 벌인 토론이 생생하게 소개되어 있다. 대부분의 양자역학 소개서들은 과학적 내용을 설명하는 데 대부분의 지면을 할애하고 과학자들 사이에 있었던 일화들은 이야기를 부드럽게 만들기 위한 윤활유 정도로 다루고 있다. 그러나 『부분과 전체』는 과학자들 사이의 논쟁과 대화를 통해 양자역학을 설명하고 있기 때문에, 그들이 어떤 문제를 가지고 고민했는지 그리고 그들 사이의 관계가 어땠는지를 생생하게 느낄 수 있다. 많은 저자들이 양자역학이 성립되어 가던 당시의 상황을 알려 주기 위해 『부분과 전체』의 내용을 인용하는 것은 이 때문이다. 따라서 『부분과 전체』는 양자역학의 성립 과정을 기록한 가장 신뢰할 수 있는 역사서라고 할 수 있다.

『부분과 전체』의 두 번째 특징은 양자역학의 철학적 측면을 심도 있게 다뤘다는 것이다. 어쩌면 이것이 『부분과 전체』의 가장 중요한 특징일지도 모른다. 대부분의 과학책들이 철학적인 내용에 대한 설명을 피하고 과학과 관련된 내용만을 다루는 것은 과학책 저자들이 대부분 형이상학적 논쟁보다는 과학의 실용성을 중요하게 생각하는 사람들이기 때문일 것이다. 양자역학을 만든 유럽의 물리학자들이 철학적이고 사색적인 면에 관심을 가지고 있었던 데 반해 미국을 중심으로 활동했던 실용주의적인 과학자들은 실험 결과를 잘 설명하고 예측할 수 있는 양자역학의 실용적인 면에 더 주목했다. 따라서 물리학과에서 양자역학을 배운 후에도 양자역학의 철학적 측면에 대해서는 그다지 신경을 쓰지 않는 경우가 대부분이다. 그러나 『부분과 전체』에서는, 하이젠베르크가 고등학교 친구들과 나누는 첫 번째 대화에서부터 이해한다는 것이 무엇을 뜻하는지에 대해 심도 있게 다루고 있다. 많은 사람들이 『부분과 전체』를 읽는 이유는 아마도 다른 과학책에서 찾아볼 수 없었던 철학적인 내용들을 발견할 수 있기 때문일 것이다.

『부분과 전체』의 또 다른 특징은 과학자의 윤리와 책임의 문제를 심도 있게 다뤘다는 것이다. 하이젠베르크는 인류 역사상 가장 참혹한 전쟁이었고, 가장 많은 사상자를 낸 제2차 세계대전의 한가운데를 살았던 사람이다. 과학기술이 전쟁 수행의 핵심적인 역할을 했던 제2차 세계대전을 마감한 것은 원자폭탄이었다. 하이젠베르크는 원자폭탄 개발에 직접 관여하지 않았지만 원자폭탄 제조에 가장 가까이 다가갔던 과학자들 중 한 사람이었다. 미국이 일본에 원자폭탄을 투하했다는 소식을 들은 하이젠베르크는 전체주의 국가의 세계 지배를 막기 위해 원자폭탄을 만든 미국 과학자들을 이해하면서도 한편으로는 자신들은 대량 학살 무기 제조의 책임으로부터 자유로운 것을 다행이라고 생각했다. 그러나 하이젠베르크의 설명과는 별개로 전쟁 중 하이젠베르크의 행동에 대해서는 여러 생각을 하게 된다. 하이젠베르크의 해명에도 불구하고 그가 전쟁 중 나치 정부에 협조했다는 것은 사실이었다. 원자폭탄 개발을 위해서는 많은 비용과 인력이 필요하다는 보고서를 제출해 독일 정부가 원자폭탄 개발을 포기하도록 만들었다고는 하지만 그것을 액면 그대로 받아들이기는 어렵다.

『부분과 전체』를 읽는 독자들은 만약 나치 정권이 많은 희생을 감수하고서라도 원자폭탄을 만들려고 했다면 하이젠베르크가 과연 어떻게 했을까 하는 생각을 해 보게 될 것이다. 『부분과 전체』어디에서도 하이젠베르크가 나치에 협조해 원자폭탄을 만들었을 것이라고 추정할 만한 내용을 찾을 수 없음에도 나치 독일이 무리를 해서라도 원자폭탄을 개발하려고 했다면 하이젠베르크가 협조했을 것이라고 추측하게 된다. 양심 있는 지성인이 크나큰 악행을 저지르는 나치 정권을 돕는 일을 어떻게 정당화할 수 있을까? 과학자들의 저항이나 비협조와는 관계없이 당시 독일의 경제 상황이 원자폭탄을 만들 여력이 없었다는 것은 독일 과학자들에게는 물론 세계 역사를 위해서도 참으로 다행한 일이었다.

전쟁이 끝난 후 새로 수립된 독일 정부가 핵무장을 하려고 시도했을 때 강력히 반대하여 독일의 핵무장 기도를 무산시킨 것은 하이젠베르크의 공적이라고 할 수 있을 것이다. 그러나 그것마저도 대량 살상무기인 원자폭탄 자체를 반대해서가 아니라 독일의 핵무장이 미국과 영국의 여론을 악화시킬 것이라는 이유에서였다. 『부분과 전체』를 읽는 독자들은 하이젠베르크의 설명을 통해서가 아니라 하이젠베르크의 행동을 통해 과학자의 윤리와 책임 문제를 다시 생각해 보게 될 것이다.

『부분과 전체』의 또 다른 특징은 플라톤의 대화편이나 갈릴레오 갈릴레이의『두 우주 체계에 대한 대화』와 마찬가지로 대화 형식으로 되어 있어 쉽게 읽을 수 있다는 것이다. 플라톤의 대화편의 주인공이 플라톤이 아니라 소크라테스였던 것처럼 많은 경우 대화의 주인공은 하이젠베르크가 아니라 보어였다. 따라서『부분과 전체』에는 하이젠베르크의 생각은 물론 보어를 중심으로 한 코펜하겐 그룹의 생각이 잘 나타나 있다. 어려운 철학적 주제를 다루면서도 많은 사람들에게 읽히는 베스트셀러가 될 수 있었던 것은 이 책이 대화 형식으로 서술되었기 때문일 것이다.

『부분과 전체』의 마지막 특징은 대화가 이루어진 시기와 장소 그리고 등장인물들에 대한 설명이 매우 문학적이라는 것이다. 각 장에는 주인공들이 본격적인 대화를 시작하기 전에 그런 대화가 이루어진 시대적 배경과 장소, 대화에 등장하는 인물들에 대한 묘사가 나오는데 소설을 읽는 기분이 들 정도로 문학적으로 서술되어 있어서 글을 읽는 재미를 더해 준다. 이런 설명을 통해 하이젠베르크가 활동했던 당시의 시대상과 사람들, 특히 과학자들의 생활 방식 그리고 사람들 사이의 관계를 생생하게 이해할 수 있게 된다.

3) 양자역학

『부분과 전체』에 등장하는 인물들은 대부분 양자역학의 성립 과정에서 중요한 역할을 한 사람들이다. 따라서 이들의 대화에서는 양자역학 이야기가 주를 이루고 있다. 따라서 이 책의 대화 내용을 이해하기 위해서는 양자역학이 어떤 물리학인지 알아야 한다. 1808년 영국의 존 돌턴은 물질이 원자라는 작은 알갱이로 이루어졌다고 주장하는 원자론을 제안했다. 그러나 1890년대에 원자에서 방사선이 방출된다는 것을 알게 되었고, 방사선에는 양전하를 띤 알파선과 음전하를 띤 베타선이 포함되어 있다는 것을 알게 되었다. 이것은 원자가, 가장 작은 알갱이가 아니라 내부 구조를 가지고 있음을 뜻했다. 따라서 1900년대 초에 물리학자들은 원자의 내부 구조를 밝혀내는 연구를 시작했다.

1897년에 전자를 발견했던 영국의 조지프 톰슨은 원자 전체에 골고루 퍼져 있는 양전하를 띤 물질에 전자들이 여기저기 박혀 있는 원자모형을 제안했다. 그러나 톰슨의 제자였던 어니스트 러더퍼드가 1909년에 얇은 금박에 알파입자를 통과시키는 실험을 통해 원자 질량의 대부분을 차지하고 있는 원자핵 주위를 전자들이 돌고 있는 새로운 원자모형을 제안했다. 그러나 기존의 물리학이론에 의하면 원자핵 주위를 도는 전자는 전자기파를 방출하고 원자핵으로 끌려들어 가야 한다. 따라서 러더퍼드의 원자모형은 기존의 물리법칙으로는 설명할 수 없는 원자모형이었다.

덴마크의 닐스 보어는 1913년에 이런 문제점을 해결하기 위해 원자핵 주위를 돌고 있는 전자에 양자가설을 적용하여 수소가 내는 스펙트럼의 종류를 성공적으로 설명한 새로운 원자모형을 제안했다. 양자가설은 1900년에 독일의 막스 플랑크가 물체가 내는 복사선의 파장별 세기를 설명하기 위해 제안한 것으로 전자기파가 연속적인 값이 아니라 최소 단위의 정수배에 해당하는 에너지만을 가질 수 있다는 것이다. 이렇게 물리량이 불연속적인 값만 가지는 것을 물리량이 양자화되어 있다고 말한다. 양자역학은 양자화된 물리량을 다루는 역학이라는 뜻이다. 뉴턴역학이나 전자기학은 연속된 물리량만을 다루므로 양자화된 물리량을 다루기 위해서는 새로운 역학이 필요하다.

1905년에 아인슈타인은 양자가설을 이용하여 광전효과를 성공적으로 설명한 논문을 발표했다. 광전효과는 금속에 큰 에너지를 가지는 복사선을 비춰 주었을 때 방출되는 전자의 에너지와 복사선의 세기와 파장의 관계를 설명한 것을 말한다. 아인슈타인은 빛이 파장에 따라 달라지는 에너지를 가지는 알갱이(광량자, 후에 광자)라고 가정하여 광전효과를 설명했다. 광전효과는 전자기파의 에너지가 양자화되어 있다는 것을 다시 확인한 것이었다.

보어는 원자핵을 돌고 있는 전자가 모든 에너지를 가질 수 있는 것이 아니라 띄엄띄엄한 에너지준위의 값만 가질 수 있고, 전자가 한 에너지준위에서 원자핵을 도는 동안에는 전자기파를 방출하지 않으며 한 에너지준위에서 다른 준위로 건너뛸 때(양자도약)만 전자기파를 방출한다고 가정했다. 이것은 보어의 원자모형이 기존 물리학의 경계를 뛰어넘었음을 뜻했다. 1920년에 독일의 아르놀트 조머펠트는 원자핵 주위를 도는 전자의 각운동량이 양자화되어 있다는 양자화 조건을 추가하여 보어의 원자모형의 신뢰도를 높였다. 그러나 보어의 원자모형은 아직 복사선의 세기를 설명할 수 없었을 뿐만 아니라 전기장이나 자기장에서 복사선이 여러 갈래로 갈라지는 제만 효과와 스타르크 효과를 설명할 수 없어 완성된 원자모형이라고 할 수 없었다.

1923년에 프랑스의 루이 드브로이가 전자와 같은 입자도 파동의 성질을 가질 수 있다는 물질파이론을 제안했고, 이는 곧 실험을 통해 확인되었다. 1925년 오스트리아 출신으로 조머펠트에게 배웠던 볼프강 파울리가 원자핵을 도는 전자들이 가지고 있는 물리량들을 설명하기 위해서는 4가지 양자수가 필요하다고 주장하고, 원자핵을 도는 전자들은 서로 다른 양자수를 가져야 한다는 파울리 배타원리를 제안하여 주기율표에 원소들이 규칙적으로 배열되는 것을 설명했다. 같은 해에 하이젠베르크는 원자핵에서 멀리 떨어져 있는 궤도를 돌고 있는 전자들은 고전물리학의 법칙을 따른다는 대응원리를 이용하여 원자가 내는 복사선의 세기를 계산하는 식을 찾아냈다. 이 식은 괴팅겐의 막스 보른과 파스쿠알 요르단에 의해 행렬을 이용한 수학 형식으로 정리되었기 때문에 행렬역학이라고 부른다.

1926년에는 오스트리아의 에르빈 슈뢰딩거가 전자의 행동을 나타내는 파동함수를 구할 수 있는 슈뢰딩거방정식을 제안하고, 슈뢰딩거방정식이 하이젠베르크가 구한 행렬역학을 다른 수학 형식으로 나타낸 것임을 증명했다. 슈뢰딩거는 전자가 파동이라는 것을 받아들이면 양자도약이 없이도 원소가 내는 스펙트럼을 설명할 수 있다고 주장했다. 그러나 보어 그룹에서는 슈뢰딩거방정식은 환영했지만 파동함수는 전자의 밀도파가 아니라 전자가 특정한 위치에서 발견될 확률을 나타내는 확률함수라고 해석했다. 슈뢰딩거나 아인슈타인은 보어 그룹의 해석을 받아들이지 않았다.

1927년에 하이젠베르크는 전자의 위치와 운동량 그리고 시간과 에너지를 동시에 정밀하게 측정하는 것은 가능하지 않아, 두 물리량의 오차의 곱은 특정한 값보다 작아질 수 없다는 불확정성원리를 수학적으로 증명했다. 그리고 보어는 입자와 파동의 성질은 서로 상보적이기 때문에 동시에 두 가지 성질을 측정하는 것은 가능하지 않다고 했다. 다시 말해 입자의 성질을 알아보기 위한 실험을 하면 입자의 성질이 나타나고, 파동의 성질을 알아보는 실험을 하면 파동의 성질이 나타난다는 것이다.

불확정성원리나 상보성원리는 측정 결과가 측정 대상의 고유한 성질이 아니라 측정 대상과 측정이 상호작용한 결과이기 때문에 나타나는 현상이다. 우리가 자로 길이를 측정할 때 측정하는 동안 길이가 변하지 않기 때문에 정밀한 자만 있으면 길이를 얼마든지 정확하게 측정할 수 있다. 그러나 원자보다 작은 입자들의 경우에는 입자에 영향을 주지 않고 측정할 수 있는 방법이 없다. 예를 들어 전자의 위치를 정밀하게 측정하기 위해서는 파장이 짧은 전자기파를 이용해야 하는데 그렇게 되면 측정하는 동안 전자의 속력이 크게 변한다. 이것은 고전물리학에서와 양자역학에서 측정이나 측정 결과가 다른 의미를 가진다는 것을 의미한다. 양자역학에 대한 이런 해석을 코펜하겐 해석이라고 부른다.

슈뢰딩거방정식을 이용하면 원자핵을 도는 전자가 가지

는 네 가지 양자수가 어떤 물리적 의미를 가지고 있는지 알 수 있고, 각각의 양자수에 해당하는 확률분포함수를 구할 수 있다. 따라서 양자역학 원자모형에서는 전자의 궤도가 사라지고, 전자가 발견될 확률을 나타내는 확률 구름만 남는다. 양자역학을 이용하면 전자의 상태를 수학적으로 기술하는 것은 가능하지만 우리가 사용하는 언어로 설명하는 것은 가능하지 않다. 우리의 일상 경험이나 우리가 알고 있는 물리법칙에 근거를 둔 언어로는 우리가 한번도 경험한 적이 없는 대상을 적절하게 설명하는 것이 불가능하기 때문이다. 이러한 양자역학의 특성이 『부분과 전체』에 소개된 토론의 주된 주제이다.

4) 칸트의 비판철학

『부분과 전체』에서는 칸트의 비판철학과 관련된 이야기가 많이 등장한다. 근대철학의 아버지라고 불리는 프랑스의 르네 데카르트는 세상이 물리법칙의 적용을 받는 물질과 신과 연결되어 있는 정신으로 이루어져 있다고 주장하고, 우리의 명석한 이성을 이용하면 진리를 발견할 수 있다고 주장했다.

그러나 영국의 데이비드 흄은, 모든 것은 경험을 통해 습득한 것이어서 우리의 지식은 개연성 있는 지식에 지나지 않는다고 했다. 독일의 임마누엘 칸트는, 인간의 이성이 진리를 인식할 수 있는 능력을 태어날 때부터 가지고 있다고 한 데카르트의 합리론과 백지로 태어난 인간이 경험을 통해서 지식을 습득한다고 주장한 흄의 경험론을 통합하려고 시도했다.

칸트는, 합리론은 인식 능력에 대한 비판 없이 인식된 것을 사실로 받아들이는 독단론에 빠져 지식을 확장해 나가는 데 도움이 되지 않고, 경험론은 귀납적으로 얻어진 상대적인 진리만을 인정하여 진리를 필연적이고 보편적인 것이 아니라 개연적인 것으로 만들어 버렸다고 비판했다. 칸트는 그의 대표적인 저서인 『순수이성비판』을 통해 합리론에서 주장했던 지식의 보편성과 필연성을 인정하면서도 인간 이성의 한계를 지적하고, 우리의 인식에 선험적 형식과 지식이 포함되어 있다고 주장했다. 우리는 대상으로부터 얻어지는 지각을, 선험적으로 가지고 있는 형식을 이용하여 표상을 만들고 이를 통해 관념을 만들어 간다는 것이다.

데카르트와 흄 그리고 칸트의 생각을 비교해 보기 위해 책상에서 컵이 떨어지는 것을 예로 들어 보자. 데카르트는 우리의 이성이, 이 컵이 따르고 있는 운동법칙을 명석하게 인식할 수 있다고 했다. 그러나 영국의 경험론에서는 우리 이성이 인식하는 것은 떨어지고 있는 컵을 보면서 얻은 감각인상이고, 감각인상은 사람에 따라 다르기 때문에 우리는 컵이 따르고 있는 보편적인 법칙을 인식할 수 없다고 했다. 따라서 경험적으로 얻어진 진리는 절대적이고 보편적인 진리가 아니라 개연성 있는 진리에 불과하다는 것이다. 칸트는 우리가 인식하는 것이 컵 자체가 아니라 감각한 것에 불과하다는 경험론의 주장에 동의했다. 그러나 칸트는 인식이 대상으로부터 얻은 감각인상에만 의존한다는 경험론에도 오류가 있다고 보았다. 컵이 공간 안에서 컵의 모습을 가지고 떨어지는 것을 인식하기 위해서는 외부에서 오는 감각만으로는 안 되고, 우리 선험적인 형식이나 선천적인 지식이 적용되어야 한다는 것이다.

칸트는 외부로부터 온 감각에 우리가 본래부터 가지고 있는 시공간의 형식이나 지식이 작용하여 얻어진 것을 표상이라고 불렀다. 컵은 공간을 차지하고 있다. 그리고 컵에 대한 지각이 시간적으로 계속 일어나는 것을 컵이 떨어지는 운동으로 인식한다. 따라서 컵과 컵의 운동을 인식하기 위해서는 공간과 시간이라는 틀이 필요하다는 것이다. 우리가 컵을 보고 있는 동안에 우리가 가지고 있는 시간과 공간이라는 틀 안에서 컵을 정리하면서 보고 있는 것이다. 우리가 선험적으로 가지고 있는 시간과 공간이라는 틀, 즉 형식이 물체와 운동을 파악하기 위해 필요하다는 것이다. 이것은 칸트의 발견이었다.

인식의 재료는 경험을 통해서 얻을 수 있지만 거기에 선험적 형식과 지식이 더해져야 비로소 컵을 인식할 수 있게 되므로 우리가 인식하는 것은 외부의 물체 자체, 즉 물자체가 아니라 우리의 마음 작용이 더해져 만들어진 표상이다. 그렇다면 시간과 공간이라는 형식은 어디에서 오는 것일까? 인식의 대상인 물체는 공간과 시간을 가지고 있지 않다. 칸트는, 시간과 공간은 우리 마음속에 선험적으로 갖추어져 있는 것이라고 했다. 영국의 경험론은 선천적으로 어떤 관념을 우리 마음에 지니고 있다는 생득 관념을 비판했다. 그러나 칸트는 경험에 의해 초래되는 인식 재료에 형태를 부여하는 능력이 우리 마음에 선천적으로 갖추어져 있다고 보았다.

칸트는 우리 마음에 선천적으로 갖추어져 있는 인식 능력을 설명하기 위해 수학적 진리를 예로 들었다. 만약 '1+2=3'이라는 수학적 지식이 경험적 지식에 불과하다면 진리일 가능성이 아주 큰 개연성 있는 사실일 수는 있어도 보편적인 진리가 될 수는 없다. 그러나 '1+2=3'이 누구에게나 확실한 보편적인 지식일 수 있는 것은 이 지식이 경험을 통해 얻어진 것이 아니라 우리에게 선천적으로 갖추어져 있던 순수한 지식이기 때문이라는 것이다. 순수한 지식은 경험에 좌우되지 않는 지식이다. 우리가 인식하는 표상은 감성의 주관적 기능을 포함하고 있으므로 거기서 경험적인 것을 제거해 가면 순수한 것을 이끌어 낼 수 있는데 이 순수한 것에 기초하는 인식이 보편적인 인식이라는 것이다. 『부분과 전체』의 10장에서 칸트의 철학을 전공한 헤르만은, 인과율은 선험적 형식에 속하는 것이어서 논증이나 반증의 대상이 되지 않는다고 주장한다. 다시 말해 우리는 우리 마음속에 선험적으로 가지고 있는 인과율을 이용하여 사건을 인식한다는 것이다.

물리학에서는 자연현상이 일반적으로 따르는 보편적인 물

리법칙이 있다고 보고 그것을 찾아내기 위해 노력한다. 물리법칙이 보편적인 진리이기 위해서는 과학적 인식이 경험에 좌우되지 않는 보편적인 것이어야 한다. 그렇다면 물리법칙이 가지고 있는 보편성은 어디에서 유래하는 것일까? 그 대답은 간단하다. 우리가 인식하는 자연현상은 외부로부터 온 감각인상에 우리가 선험적으로 가지고 있던 순수한 지식이 더해진 것이다. 우리는 자연현상을 만드는 데 사용된, 경험에 좌우되지 않는 순수한 지식을 법칙이라고 부르고 있는 것이다. 철학은 오랫동안 자연의 질서를 인식한다고 말해 왔지만 어떻게 자연의 질서를 인식할 수 있는지에 대해서는 질문하지 않았다. 그런데 마침내 칸트에 이르러 자연에 질서를 부여하는 것이 바로 우리 자신이라는 것을 밝혀냈다. 과학이란 인간이 만들어 낸 것이라는 것이다.

칸트는 이렇게 해서 우리가 어떻게 보편적인 법칙을 인식할 수 있는가 하는 문제는 해결했지만 또 다른 어려운 문제를 철학으로 끌어들였다. 그것은 우리가 인식하는 현상에는 우리 주관적 기능이 더해져 있으므로 우리가 인식하는 것이 물자체는 아니라는 것이다. 그렇다면 우리는 물자체를 어떻게 인식할 수 있을까? 칸트는 『순수이성비판』에서 초경험적인 것을 이성으로 인식하려고 하는 것을 비판하였다. 그는 신의 존재를 증명하려는 것과 같은 형이상학적인 시도를 배격했다. 형이상학에서 다루는 그런 명제들은 참인지 거짓인지 판별할 수 없다는 것이다. 진리를 인식할 수 있는 이성의 능력을 제한한 것이다. 칸트는 인간의 지성이 사물의 현상을 분류하고 정리할 수는 있지만 그 현상 너머에 숨어 있는 본질에는 이를 수 없다고 보았다. 인간은 사물의 본질이나 신에 해당하는 물자체를 인식할 수 없다는 것이다.

칸트는 인간이 인식할 수 없는 초감각적이고 초경험적인 것들을 인식의 범주 안으로 끌어들이려고 했던 기존 철학의 오류에서 벗어나 우리 이성이 인식 가능한 세계만을 다루려고 했다. 칸트는 인간의 이성이 자기 자신을 초월한 것을 대상으로 하게 되면 오류에 빠지게 된다는 것을 지적했다. 칸트는 인간의 인식 능력을 비판한 자기비판의 철학자였다. 따라서 우리가 물자체를 어떻게 인식할 수 있을까 하는 의문이 필요 없게 되었다. 칸트의 『순수이성비판』에 의해 물자체는 인간이 인식할 수 없는 초월적인 세계로 물러나게 되었기 때문이다.

칸트의 비판철학을 다룬 또 다른 저서인『실천이성비판』에서는 우리가 따라야 하는 윤리의 기원에 대해 설명했고, 『판단력비판』에서는 미학을 다뤘다.『부분과 전체』에는 주로 칸트가『순수이성비판』에서 다룬 인식의 문제에 대한 토론이 소개되어 있다.

5) 마흐의 감각적 실증주의

물리학자이자 철학자로 과학철학의 토대를 다지는 일에 앞장섰던 에른스트 마흐는 당시에는 오스트리아 영토였고 현재는 체코공화국의 영토인 모라비아에서 태어났다. 빈대학에서 물리학과 생리학을 공부한 마흐는 스물두 살이었던 1860년에 전기 실험에 관한 논문을 제출하고 박사학위를 받았다. 마흐는 26살이던 1864년에 오스트리아 그라츠대학의 수학 교수가 되었고, 3년 뒤인 1867년에는 프라하에 있는 찰스대학의 실험물리학 교수가 되었으며, 56살이던 1895년에 과학철학 주임교수가 되어 모교인 빈대학으로 돌아왔다.

비행 물체가 만들어 내는 충격파를 연구한 마흐는 음속보다 빠른 속도로 날아가는 총알이 만들어 내는 충격파의 사진을 찍는 데 성공했다. 물리학에서는 마흐의 연구 업적을 기념하기 위해 운동하는 물체의 속력이 소리의 속력보다 얼마나 빠른지를 나타내는 단위를 그의 이름을 따서 마하라고 부르고 있다. 마흐는 물리학에서뿐만 아니라 생리학과 심리학 분야의 발전에도 큰 공헌을 했다. 귀가 소리를 듣는 일뿐만 아니라 신체의 평형을 유지하는 작용도 한다는 것을 밝혀낸 사람도 마흐였다.

마흐는 물리학자로서보다 감각된 것만을 실재라고 믿는 실증주의적 신념에 철저했던 과학철학자로 더 널리 알려져 있다. 마흐는 감각기관을 통해 확인되지 않은 것의 실재성을 인정하지 않았다. 마흐는 직접 볼 수 없는 원자나 분자의 존재를 부정했고, 열역학 제2법칙도 인정하지 않았으며, 에너지 보존법칙도 사람이 만들어 낸 관습에 불과하다고 했다. 실험물리학자였던 마흐는 실험을 통해 확인된 사실만을 인정하고, 이론적 분석을 통해 얻어진 결과는 받아들이려고 하지 않았다. 마흐는 실험으로 확인된 결과에 맞추어 이론을 바꾸는 것은 올바른 과학적 방법이지만, 이론적 분석을 통해 얻은 결론에 실험 결과를 끼워 맞추는 것은 올바른 방법이 아니라고 주장했다.

마흐는 물리학이론에 경제성의 원리를 도입했다. 두 가지 이론 모두가 실험 결과를 설명할 수 있을 때 더 간단하게 설명하는 이론을 택하면 된다는 것이 경제성의 원리이다. 마흐가 사유의 경제를 주장한 것은 모든 이론은 관습에 불과하기 때문에 어떤 이론을 선택하느냐는 그다지 중요하지 않다고 생각했기 때문이다. 경험과 관찰만을 믿을 수 있다고 주장한 마흐의 실증주의적 신념은 논리실증주의 과학철학의 모태가 되었던 빈 서클에 많은 영향을 주었다. 빈 서클은 '마흐 협회'를 조직하여 운영하기도 했다.

감각을 통해 직접 확인할 수 없는 원자나 분자의 존재를 인정하지 않았던 마흐는 원자와 분자의 존재를 전제로 통계물리학의 기초를 닦은 루트비히 볼츠만과 오랫동안 격렬한 논쟁을 벌였다. 볼츠만은 기체 분자들의 행동이 통계적으로 취급했을 때만 물리법칙에 따른다는 것을 밝혀냈으며, 고립된 물리계는 시간이 흐름에 따라 확률이 가장 높은 상태, 즉 엔트로피가 최대가 되는 상태를 향해 변해 간다는 통계적인 열역학 제2법칙을 확립했다. 그러나 감각된 것이 아니면 그 실체를 인정하지 않으려고 했던 마흐는 원자나 분자의 존재 자체를 받아들이지 않았고, 통계적 분석 방법도 받아들이지 않았다. 여러 해에 걸친 마흐와의 논쟁에 지친 볼츠만은 1906년 휴가 동안에 이탈리아 트리에스테 근처에 있는 두이노만에서 부인과 딸이 수영을 하고 있는 사이에 목을 매 자살하고 말았다. 볼츠만의 죽음이 마흐 때문이라고 단정할 수는 없지만 마흐와의 논쟁으로 그의 우울증이 심해진 것은 사실이었다.

마흐는 절대공간 역시 관측할 수 없다는 이유로 강하게 부정하였다. 뉴턴역학에서는 절대공간의 존재를 인정하고, 관성질량은 물체의 고유한 성질이라고 했다. 또한 물이 들어 있는 양동이를 돌렸을 때 가장자리의 수면이 위로 올라가는 것은 양동이가 절대공간에 대해 회전하기 때문이라고 설명했다. 그러나 마흐는, 관성질량은 물질의 고유한 양이 아니라 우주를 이루고 있는 다른 모든 물체와의 상호작용의 결과이며, 회전하는 양동이의 가장자리 수면이 높아지는 것 역시 양동이와 전체 우주 물질과의 상호작용 때문이라고 주장했다. 따라서 우주에 아무것도 존재하지 않는다면, 관성질량도 존재하지 않고, 양동이가 회전하더라도 수면이 변하지 않을 것이라고 했다. 절대공간을 인정하지 않고, 회전운동과 병진운동의 경계를 없앤 마흐의 논리는 아인슈타인이 특수상대성이론과 일반상대성이론을 제안하는 데 영감을 주었다. 아인슈타인은 일반상대성이론을 제안한 논문에서 마흐의 영향에 대해 언급했다. 그러나 모든 이론에 회의적이었던 마흐는 아인슈타인의 상대성이론을 받아들이지 않았다.

인식의 기초로서 인간의 감각을 강조한 마흐는 1886년에 출판되고 1901년에 개정된 『감각의 분석』에서, 우리가 세상에 대해 가지고 있는 지각과 지식은 물리적, 생리적, 심리적 감각 요소들의 복합체로 구성된다고 보았다. 때문에 마흐는 우리가 감각할 수 없는 물자체 Ding an Sich 가 존재한다는 것을 부정했다. 『부분과 전체』에는 실증주의와 관련된 토론에서 마흐의 이름이 거론된다.

6) 논리실증주의

논리실증주의는 다양한 학문적 배경을 가진 30여 명의 학자들이 오스트리아의 빈에 모여 여러 가지 철학적 문제에 대해 토론을 진행하던 빈 서클을 모태로 하여 나타난 철학 사조를 말한다. 빈 서클의 중심인물은 에너지가 양자화되어 있다는 것을 밝혀내 양자물리학의 기초를 마련한 막스 플랑크의 지도를 받으며 물리학으로 박사학위를 받은 후 철학을 공부한 모리츠 슐리크였다. 빈 서클은 1922년에 슐리크가 빈대학의 자연철학 교수로 부임한 후 활성화되었지만 빈 서클의 모태가 되는 독서 토론 모임은 그 이전부터 있었다. 빈 서클은 1924년 겨울 학기부터 정기적인 토론 모임으로 발전했다.

1928년에는 슐리크를 회장으로 하는 마흐 협회^{Mach Society}가 창립되었는데, 이 학회의 목적은 대중을 대상으로 하는 강연을 통해 과학적인 세계관을 확산시키는 것이었다. 1929년에 발표된 「세계에 대한 과학적 파악: 빈 서클」이라는 선언문에서 '빈 서클'이라는 명칭이 처음 사용되었다. 이 선언서에서 이들은 경험에 근거하지 않고 본질에 대해 무의미한 논쟁을 벌이는 형이상학을 반대하고, 과학 지식에 기반을 둔 철학을 옹호한다고 선언했다. 이 선언서는 1929년 가을에 마흐 협회와 베를린의 경험철학 협회가 공동으로 주최한 학술회의에서 발표되었다. 1930년에 빈 서클과 베를린 학회는 논리실증주의의 공식 학술 잡지인 《인식》을 발간하여 논리실증주의를 확산시키려고 노력했다.

빈 서클은 독일에서 파시즘이 대두되면서 빠르게 활동이 위축되었고, 오스트리아가 독일의 영향력 아래 들어가자 대부분의 참가자들이 정치적 이유로 빈을 떠나면서 빠른 속도로 해체되었다. 그리고 1936년에는 빈 서클의 중심인물이었던 슐리크가 빈대학 계단에서 이 학교 철학과 졸업생인 요한 넬뵈크에게 피살당하는 사건이 발생했다. 슐리크가 사망한 후에도 빈에 남아 있던 사람들을 중심으로 부정기적인 모임이 계속되었지만 1938년에 나치 독일이 오스트리아를 합병하면서 오스트리아에서의 빈 서클 활동이 완전히 중단되었다.

그러나 영국이나 미국에 정착한 빈 서클에 속해 있던 인사들에 의해 논리실증주의의 국제화가 진행되었다. 이 과정에서 미국의 실용주의적 철학 풍토에 어울리지 않았던 많은 부분이 사장되거나 변형되었다. 현재 우리에게 알려져 있는 논리실증주의는 빈 서클의 원래 생각이라기보다는 미국화 과정에서 변형된 사상에 기반을 두고 있다고 할 수 있다. 미국에서 이들의 생각은 널리 받아들여진 견해라는 뜻으로 '수용된 견해received view'라고 불리기도 했다. 미국의 과학사학자 토마스 쿤의 과학혁명이론은 수용된 견해에 대한 반론이라고 할 수 있다.

빈 서클에 속했던 학자들의 공통 관심사는 과학 분야에서 이루어진 혁신적 변화를 반영하는 과학철학을 정립하는 것이었다. 논리실증주의에서는 '참'일 조건과 '거짓'일 조건이 명확하지 않은 명제는 무의미한 명제라고 했다. 윤리적 명제 역시 참인지 거짓인지를 검증할 방법이 없으므로 사실의 명제가 아니라 행위의 명제라고 보았다. 논리실증주의자들은 감각 경험을 통해 검증될 수 있는 명제만을 다루는 과학과 그렇지 않은 무의미한 명제를 다루는 형이상학을 구별하고 형이상학에 대한 논의를 철학에서 배제하려고 했다.

빈 서클의 또 다른 특징은 기호논리학을 중시했으며, 그들 자신이 논리학 발전에 공헌했다는 것이다. 버트런드 러셀과 루트비히 비트겐슈타인의 영향을 받아 현실세계의 구조가 논리적이라고 생각했던 그들은 과학이론을 논리적으로 분석하여 과학적 사실의 본질을 파악하고, 경험적 증거를 통해 과학이론이 수용되는 과정을 이해하려고 노력했다. 그들은 언어도 수학적 엄밀성을 가져야 한다고 주장했다. 대부분의 과학자들은 논리실증주의자들의 생각을 별다른 비판 없이 받아들였지만 양자역학을 성립시키는 데 핵심적인 역할을 했던 보어와 하이젠베르크는 논리실증주의를 신랄하게 비판했다. 『부분과 전체』의 17장에는 보어와 하이젠베르크 그리고 파울리가 논리실증주의를 비판하는 내용이 실려 있다.

3장

—

『부분과 전체』의 재구성

1) 원자이론과의 첫 만남 1919-1920

제1차 세계대전이 끝나고 2년이 지난 1920년 봄에 하이젠베르크는 10여 명의 친구들과 함께 슈타른베르크호의 서쪽 언덕을 도보로 여행을 하면서 많은 이야기를 나누었다. 고등학교 졸업시험 준비를 하고 있던 하이젠베르크와 엔지니어 지망생이었던 쿠르트는 원자물리학에 관심이 많았다. 하이젠베르크는 쿠르트에게, 원자들이 결합해 분자를 이루는 것을 설명하기 위해 교과서에 실려 있는 그림이 실제 원자를 나타내지 못하는 것 같다고 말했다. 교과서에서는 탄소 원자 하나와 산소 원자 두 개가 결합하여 이산화탄소를 만드는 화학반응을 고리와 단추를 이용하여 설명하고 있었는데, 고리와 단추는 너무 인위적인 것이어서 자연법칙에 의해 결합하는 화학반응을 설명하기에는 적절하지 못하다고 생각한 것이다.

이에 대해 쿠르트가 자신의 생각을 이야기했다.

"자연과학은 철학적 사색이 아니라 경험에 기초를 두고 있기 때문에 먼저 어떤 경험적 사실이 고리와 단추를 이용하여 화학반응을 나타내게 했는지를 알아야 할 거야. 화학자들은 서로 반응하는 탄소와 산소의 질량비가 항상 3:8이 된다는 사실을 알아냈거든."

하이젠베르크가 대답했다.

"원자들이 탄소 원자 하나에 산소 원자 두 개만 결합할 수 있도록 하는 구조를 가지고 있기 때문이겠지."

쿠르트는 교과서 저자를 옹호했다.

"교과서 저자도 그런 사실을 나타내기 위해 고리와 단추를 이용했을 거야."

"그렇다고 해도 고리와 단추는 실제 원자의 구조를 나타내지 못해. 확실하게 알고 있는 것은 탄소 원자 하나는 산소 원자 두 개하고만 결합할 수 있도록 하는 어떤 구조를 가지고 있다는 거야. 화학자들은 원자가를 이용하여 이것을 설명하고 있는데 원자가가 실제로 물리적인 의미가 있는 건지 화학반응을 설명하기 위한 방편에 불과한 건지 모르겠군."

"내게 원자가는 우리가 알고 있는 이상의 중요한 의미를 배후에 숨기고 있는 것처럼 느껴져."

묵묵히 두 사람의 이야기를 들으면서 걷고 있던, 철학 서적을 많이 읽은 로베르트가 대화에 끼어들었다.

"자연과학을 공부하는 사람들은 너무 쉽게 경험적 사실을 진리라고 생각하는 경향이 있어. 과학자들이 사실이라고 믿고 있는 것들은 측정 결과를 이용해 만들어 낸 모형에 지나지 않아서, 실제 사물은 모형과 같은 형태로 존재하지 않을 수도 있어. 우리는 감각기관을 통해 지각한 것을 우리가 선천적으로 가지고 있던 시공간의 형식과 선험적 지식을 통해 표상으로 만들어 내지. 따라서 우리는 사물을 직접 인식할 수 없으며, 표상만을 인식할 수 있고, 표상으로부터 개념을 만들어 내는 거야."

하이젠베르크는 로베르트의 설명에 이의를 제기했다.

"나는 철학자들이 대상과 인식을 분리하려고 하는 이유를 이해할 수 없어. 우리가 가지고 있는, 표상을 만들 수 있는 형식이라는 것도 대상에 대한 경험으로부터 오는 거 아냐?"

"철학자 말브랑슈는 그의 저서에서 표상이 만들어지는 세 가지 가능성에 대해 설명했어. 첫 번째는 대상에 대한 감각인상이 사람의 마음에 표상을 만든다는 거야. 두 번째는 사람의 마음이 처음부터 표상을 소유하고 있었거나 표상을 만들 수 있는 능력을 가지고 있고, 감각인상이 이미 존재하는 표상을 기억해 내도록 하거나 표상들을 형성하도록 자극한다는 거야. 세 번째는 인간의 이성이 신적 이성에 참여하기 때문에 인간에게 표상을 만들 수 있는 능력이 주어진다는 거야. 말브랑슈는 세 번째 가능성을 받아들였어."

쿠르트가 신에 의지하려는 철학자들의 태도에 불만을 터뜨렸다.

"철학자들은 항상 신과 손을 잡고 싶어 해. 그래서 조금이라도 어려운 문제에 부딪히면 절대자를 앞에 내세우지. 나는 그것으로 만족할 수 없어. 나는 우리 영혼이 저 세상이 아니라 바로 이 세상에서 어떻게 표상을 만드는지를 알고 싶은 거야."

로베르트가 대답했다.

"모든 표상이 경험에 의해 형성된 것이라는 자연과학자들의 견해도 그렇게 간단한 것이 아니야. 우리는 표상만을 인식할 수 있으므로 표상이 없으면 아무것도 경험할 수 없어. 따라서 경험이 표상을 만들도록 했는지, 아니면 표상이 경험을 가능하게 했는지를 결정하는 것은 닭이 먼저냐 달걀이 먼저냐 하는 논쟁과 마찬가지로 어려운 문제야. 나는 제한된 경험을 바탕으로 원자에 관해서 너무 단순하게 말하는 것을 경고하고 싶어. 원자와 같이 직접 경험할 수 없는 것들은 사물과 표상을 분리하는 것이 아무런 의미가 없는 더 기본적인 구조에 속하는 건지도 몰라."

로베르트의 이야기를 듣던 하이젠베르크는 전에 읽었던 플라톤의 『티마이오스』의 설명을 떠올렸다. 대화편의 하나인 『티마이오스』에서는 세상을 이루는 네 가지 원소인 물, 불, 흙, 공기가 삼각형으로 이루어진 정육면체, 정사면체, 정팔면체, 정이십면체의 형상을 하고 있다고 설명했다. 하이젠베르크가 『티마이오스』를 읽을 때, 그는 정다면체들이 각 원소들의 상징으로서 사용된 것인지, 아니면 각 원소들이 실제로 정다면체의 형태를 가시고 있다는 깃인지 확실히 알 수 없었다. 그러나 원자에 관한 이야기를 하면서 플라톤의 의도를 이해할 수 있을 것 같다는 생각이 들었다.

하이젠베르크는 프룬성에서 있었던 젊은이들의 토론도 생각해 냈다. 청년운동에 가담하고 있던 하이젠베르크가 쿠르트와 함께 참석했던 프룬성의 토론에서는 민족의 운명과 인류의 운명 중 어떤 것이 더 중요한지, 전쟁에서 죽은 군인들의 희생은 어떤 가치를 가지는지, 개인들이 자신의 가치 기준대로 행동해도 되는지, 내적인 진실성이 옛 형식들보다 더 중요한지와 같은 문제들에 대해 토론했다. 각기 다른 주장을 하는 연설자들의 혼란스러운 모습을 보면서 하이젠베르크는 순수한 열정도 서로 모순에 빠질 수 있으며, 모두가 지향하는 목표로 나아가기 위해 필요한 중심질서에서 벗어나 지엽적인 문제에 대한 논쟁에만 관심을 두는 부분적 질서는 혼란만을 야기할 수도 있다는 생각을 했다. 그들의 토론은 바흐가 작곡한 〈샤콘〉의 연주를 들으면서 중심질서를 향한 재결합이 이루어졌다.

프룬성에서 있었던 토론에 대한 회상에서 다시 슈타른베르크 호반의 산책 이야기로 돌아온 하이젠베르크는 로베르트의 이야기를 듣고 원자에 관한 실험 사실은 간접적인 것에 지나지 않으며 원자는 아마도 실재가 아닐지 모르지만, 수학적 방법으로 원자에 접근할 수 있을지도 모른다는 생각을 하게 되었다. 하이젠베르크는 로베르트에게 모든 물질은 원자로 이루어졌다는 주장에 대해 어떻게 생각하는지 물었다. 로베르트는 원자에 대해 알고 싶지 않다고 했다.

"원자는 우리의 직접적인 경험세계로부터 멀리 떨어져 있어. 나에게는 우리가 직접 경험할 수 없는 원자의 세계보다는 사람들의 세계나 바다와 숲의 세계가 훨씬 더 중요해."

하이젠베르크가 로베르트에게 다시 물었다.

"원자의 작용을 직접 관측하거나 원자를 이용해 실험할 수 있을 정도로 과학과 기술이 발전한 것을 알면 말브랑슈가 뭐라고 할까?"

로베르트가 대답했다.

"원자는 우리가 일상적으로 경험하는 사물과는 전혀 다른 방식으로 존재할 거야. 물질을 더욱 작은 부분으로 나누어 가면 결국 불연속적인 실체에 도달하게 될 거야. 원자는 자연법칙의 추상적인 표현이지 실체가 아닐 거야. 원자는 직접 볼 수 없고 그 작용만 알 수 있을 뿐이거든."

하이젠베르크는 로베르트의 생각을 반박했다.

"그렇게 이야기하는 건 고양이를 보는 경우 고양이에서 나오는 빛만 볼 뿐이어서 고양이를 보는 게 아니라 고양이의 작용만 보는 거라고 이야기하는 것과 같아."

로베르트도 지지 않았다.

"고양이의 경우에는 사물로서의 고양이와 표상으로서의 고양이가 존재하지만 원자의 경우에는 사물과 표상을 분리할 수 없어. 그것은 원자가 둘 중 어느 것도 아니기 때문이지."

쿠르트는 원자의 세계와 같이 어려운 대상에 대하여 철학적 토론을 거듭하는 일에 반대했다. 그런 토론은 쉽게 이해할 수 있는 것도 어렵게 만들기 때문이라는 것이다. 따라서 그는 자연과학자들이 원자에 대해 좀 더 많은 것을 알아낸 다음에 철학자들이 원자를 다루는 것이 좋겠다고 했다. 이야기가 여기까지 진행되었을 때 다른 친구들이 그런 이야기는 집어치우고 노래나 하자고 했다. 하이젠베르크와 쿠르트 그리고 로

베르트도 원자보다 훨씬 더 현실적인 노래와 꽃이 있는 세상
으로 돌아왔다.

2) 물리학을 공부하기로 결심하다 1920

하이젠베르크는 고등학교 졸업시험을 본 뒤 대학에 진학
하기 전에 아인슈타인의 상대성이론을 수학적으로 설명한 헤
르만 바일이 쓴 『공간·시간·물질』을 읽었다. 내용이 어려워
절반밖에는 이해하지 못했지만 하이젠베르크는 이 책의 내용
에 끌려 대학에서 수학을 공부하기로 마음먹었다. 대학에 입
학한 첫날 중세 그리스어 교수였던 아버지가 수학 교수로 원
의 구적법을 해결한 린데만 교수와의 상담을 주선해 주었다.
하이젠베르크의 방문을 별로 탐탁지 않게 생각했던 린데만
교수는 하이젠베르크가 바일의 『공간·시간·물질』을 읽었다
고 말하자 그렇다면 이미 수학을 공부하기에는 틀렸다고 하
면서 그를 돌려보냈다. 이것으로 하이젠베르크는 수학을 공
부하기로 했던 결심을 바꾸게 되었다.

하이젠베르크는 이론물리학에 대해 알아보기 위해 아르놀

트 조머펠트 교수를 방문했다. 조머펠트 교수는 바일의 책을 읽었다는 하이젠베르크의 대답에 대해 린데만 교수와는 전혀 다른 반응을 보였다.

"학생은 너무나 야망이 크군요. 하지만 상대성이론처럼 어려운 것부터 시작했다고 해서 쉬운 문제들이 저절로 이해되는 것은 아니에요. 나는 학생이 상대성이론에 매력을 느끼고 있는 것을 충분히 이해하지만 그곳에 도달하려면 먼 길을 가야 할 겁니다. 우선 전통적인 물리학 영역에서부터 차근히 공부해 나가야 해요. '왕이 공사를 시작해야 비로소 일꾼들에게 할 일이 생긴다'는 말이 있어요. 처음에는 우리 모두 일꾼으로 시작해야 해요."

하이젠베르크는 작은 일부터 시작하라는 조머펠트의 충고를 이해할 수 있었지만 그가 관심을 가지고 있던 문제들이 먼 곳에 있다는 사실에는 크게 실망했다. 그러나 이 만남을 계기로 하이젠베르크는 조머펠트를 지도교수로 하여 물리학을 공부하게 되었다.

대학에 입학한 첫해 가을 하이젠베르크는 첼리스트인 발터라는 친구 집에서 자주 모임을 가졌다. 그들은 밤늦게까지 슈베르트의 삼중주를 연습하곤 했다. 어느 날 발터의 어머니가 하이젠베르크에게 물었다.

"학생은 연주 솜씨로 보나 음악에 대한 열정으로 보나 과학보다는 예술에 더 소질이 있는 것 같아 보이는데 왜 과학을 공부하지요? 젊은이들이 아름다움을 선택하면 세상이 그만큼 더 아름다워질 거고, 유용한 것을 선택하면 세상이 더 편리해질 거예요. 한 사람의 이 같은 선택은 자신만을 위해서가 아니라 인류에게도 큰 의미를 갖는 일이라고 생각해요."

하이젠베르크는 물리학에 더 많은 가능성이 있다고 대답했다.

"최근의 음악은 이상하게도 불안감이 짙으며 허약한 실험 단계에 빠진 것처럼 보입니다. 그러나 현대물리학에서는 시간과 공간의 구조라든가 인과법칙의 타당성 같은 철학적 문제까지도 다룰 수 있어서 음악에서보다 더 많은 성과를 거둘 가능성이 크다고 생각합니다. 물리학에는 과학자들이 여러 세대에 걸쳐 연구해도 모자랄 정도로 많은 과제가 기다리고 있습니다."

바이올리니스트인 롤프가 자신의 생각을 이야기했다.

"음악 분야에서도 과거로부터 내려오는 전통으로 인한 한계가 극복되어 다양한 화음과 리듬을 거의 마음대로 사용할 수 있게 되었기 때문에 자연과학에서 기대하는 것과 같은 풍성한 성과를 기대할 수 있을 거예요."

그러나 발터는 롤프의 생각에 의문을 제기했다.

"나는 표현 수단에서의 선택의 자유가 성과가 풍부한 신천지로 이어질지 확신할 수 없어요. 자연과학에서는 기술의 발전에 따라 새로운 실험들이 가능해질 거고, 따라서 더 많은 경험을 할 수 있고, 더 많은 결과물을 만들어 낼 수 있을 거예요. 실패로 끝난 에테르 실험으로부터 아인슈타인은 시간과 공간의 기본적인 개념 체계를 바꿔야 한다는 생각을 하게 되었어요. 음악에서는 표현 수단의 확장을 통해 감정 세계를 적절히 표현하는 음악을 발전시켜 왔지만 오늘날의 음악에는 새로운 내용이 빈약합니다. 음악가들은 전통을 극복해야 한다고 하지만 극복한 후에 어디로 가야 할지에 대해서는 알지 못한 채 여러 가지 시도만 하고 있을 뿐이에요. 이런 점이 이미 방향성을 제시해 놓고 문제의 답을 찾고 있는 자연과학과 다르다고 생각합니다."

하이젠베르크는 발터에게 원자물리학에 대한 기초적인 문제를 설명하려고 시도했다.

"상대성이론에서는 19세기에 했던 실험들이 그때까지 가지고 있던 동시성이라는 개념을 포기하게 만들었어요. 그동안 사람들은 동시성이라는 말의 의미를 잘 알고 있다고 생각해 왔지만 사실은 그렇지 않다는 게 밝혀진 것이지요. 시간을 측정하는 방법을 자세하게 분석해 보면 동시성은 관찰자의 운동 상태에 따라 달라진다는 결론에 도달할 수밖에 없어요. 따라서 시간과 공간은 서로 분리되어 있는 것이 아니라 밀접하게 연관되어 있고, 그러한 연관성을 수학적 형식을 통해 기술할 수 있게 되었어요. 그러나 이것은 이미 새로운 개척지라고 할 수 없습니다. 지금 물리학에서는, 물질세계에서는 왜 항상 반복되는 형태나 성질이 존재하느냐 하는 근본 문제에 대한 답을 찾고 있어요. 수많은 물리화학적 변화를 거치고도 원자의 성질이 항상 같은 이유가 무엇인지를 알고 싶은 거지요. 뉴턴역학으로는 원자의 이런 성질을 설명할 수 없어요. 따라서 원자들이 항상 반복하여 같은 상태로 배열되고 운동하고 그 결과 동일한 안정성을 가진 원소들이 반복해서 생

성되는 것을 설명할 수 있는 새로운 종류의 자연법칙을 찾아
내지 않으면 안 됩니다. 플랑크의 양자가설, 보어의 원자모형
이 새로운 자연법칙의 가능성을 암시하고 있지만 아직 충분
히 이해되지 못하고 있어요. 여기에 신천지가 열려 있습니다.
따라서 음악에서보다 원자물리학에서 더 중요한 성과를 이루
어 낼 수 있을 것이라고 봅니다."

옆에서 듣고 있던 발터의 어머니가 이야기했다.

"우리 모두가 모차르트나 아인슈타인과 같이 위대한 업적
을 만들어 낼 수는 없어요. 대부분의 경우 우리들은 위대한
성과를 낼 가능성이 없는 좁은 영역에서 일하게 될 것이에요.
따라서 그들에게는 슈베르트 삼중주를 연주하는 것이 새로운
화성법을 만들거나 자연법칙을 찾아내는 것보다 아름다울 수
도 있다고 생각해요."

하이젠베르크는 자신도 발터 어머니와 비슷한 생각을 많
이 했으며, 왕이 공사를 시작해야 일꾼들에게 할 일이 생긴다
는 말을 자주 인용한다고 말했다. 옆에서 듣고 있던 롤프가
끼어들었다.

"음악가는 우선 악기를 숙달하기 위해 많은 노력을 해야

하고 기존의 곡들을 수없이 연주해 보아야 해요. 마찬가지로 물리에서도 이미 잘 알려진 자연법칙에 바탕을 두지 않으면 안 될 거예요. 그러나 우리가 일꾼에 속하는 한 가끔 어떤 해석이 특별히 마음에 든다는 데 만족을 느끼면 그것이 보람이고 행복일 겁니다. 선배들보다 조금 더 나은 측정을 하는 것에서도 보람을 느낄 수 있겠지요."

발터의 어머니는 왕과 일꾼의 비유를 잘못 해석하고 있는 것 같다고 말했다.

"모든 중요한 결정은 왕의 행위로부터 나오고 일꾼의 노동은 보조적인 수단인 것처럼 보이지만 사실은 그 반대일 수도 있어요. 왕의 영광이라는 것이 따지고 보면 일꾼들의 다년간에 걸친 힘든 노동과 그 노동으로부터 나온 결과들 덕택에 가능한 거예요. 위대한 천재들은 오랫동안 일꾼들이 해 온 성실한 노력을 바탕으로 짧은 시간 동안에도 우수한 예술작품을 창작하거나 아주 중요한 과학적 성취를 이루게 되는 거지요."

여기까지 말을 마친 발터의 어머니는 슈베르트의 삼중주곡의 느린 악장을 연주하자고 제안했다. 참석자들은 우울한 바이올린 선율에서 유럽 음악의 위대한 시대는 지나간 것 같다는 느낌을 가졌다.

하이젠베르크가 자신의 날카로운 비판자이며 가장 가까운 친구가 된 볼프강 파울리를 만난 것은 조머펠트 교수의 세미나에서였다. 오스트리아 출신인 파울리는, 후에 전자와 같은 입자는 하나의 양자역학적 상태에 두 개 이상 들어갈 수 없다는 배타원리를 제안한 공로로 1945년 노벨물리학상을 수상한 양자역학 개척자 중 한 사람이었다. 조머펠트 교수는 하이젠베르크에게 파울리를 가장 재능 있는 학생이라고 소개하고, 그로부터 많은 것을 배울 수 있을 것이라고 했다. 강의가 끝난 후 세미나실에서 하이젠베르크는 파울리에게 이론물리학을 공부하려고 할 때 실험을 어느 정도 배워야 하는지 그리고 현대물리학에서 상대성이론이 원자론과 비교해 얼마나 중요한지 물었다. 파울리는 다음과 같이 대답했다.

"모든 물리학은 실험 결과를 바탕으로 하고 있어요. 하지만 오늘날에는 실험 결과에 대한 이론적 설명이 실험물리학자들에게는 너무 어렵게 되었어요. 이론물리학은 우리의 일상 경험으로는 적절하게 기술할 수 없는 영역까지 다루고 있지만 실험물리학자들은 기존의 물리법칙의 언어를 사용하고 있기 때문이에요. 따라서 이론물리학과 실험물리학이 전문화될 수밖에 없을 거예요. 나는 수학을 이용해 설명하는 것이 훨씬 더 재미있어요. 따라서 수학을 통해 물리학 발전에 이바지할 생각이에요. 하지만 이론물리학자도 기본적인 실험에 대해서는 이해하고 있어야 하겠지요.”

파울리는 상대성이론과 원자론에 대해서도 설명했다.

“특수상대성이론은 이미 완성되었어요. 따라서 그것은 새로운 것을 추구하는 사람들의 관심을 끌 수 없을 거예요. 그러나 일반상대성이론은 아직 완성되었다고 할 수 없어요. 이 이론은 새로운 사고의 가능성을 열어 주고 있어요. 하지만 내게는 원자물리학이 더 흥미로워요. 여기에는 아직 이해되지 못한 실험 결과들이 여기저기 나뒹굴고 있고, 서로 모순된 설명들이 난무하고 있어요. 현재로서는 모순 없는 통일적인 설명이 불가능해 보여요. 원자와 양자가설을 결부시킨 보어의 원자모형은 어느 정도 성공을 거둔 것으로 보이지만 완전하다고 할 수는 없어요. 조머펠트 교수는 실험을 바탕으로 새로운 규칙성을 찾아낼 수 있기를 바라고 있어요. 어쩌면 기존의 물리학에 덜 얽매여 있는 당신이 그들보다 더 유리할지도 몰라요. 그렇다고 당신이 꼭 성공할 것이라는 이야기는 아니지만요."

파울리의 마지막 밀이 약간은 무례하게 들렸지만 하이젠베르크는 이로 인해 기분이 나빠지지는 않았다. 파울리는 하이젠베르크가 물리학을 공부하기 위해 지금까지 준비해 온 것들이 잘 한 일이라고 인정해 주었다. 파울리의 말을 듣고 하이젠베르크는 수학을 전공하지 않은 것을 다행으로 생각했다.

3) 현대물리학에서 이해라는 개념 1920-1922

뮌헨에서 보낸 처음 2년 동안 하이젠베르크는 청년운동을 하는 클럽과 이론물리학의 두 세계를 오가면서 생활했다. 조머펠트 교수의 세미나에서는 파울리와 하이젠베르크의 대화가 대부분을 차지했다. 파울리와 하이젠베르크는 서로 반대되는 생활 방식을 가지고 있었다. 하이젠베르크는 자유 시간을 주로 산이나 호수에서 보냈지만 파울리는 도시의 밤거리를 좋아했고, 회관에서 쇼 관람을 즐겼다. 그러고는 밤늦도록 물리 문제를 물고 늘어졌다. 그래서 오전 강의는 빼먹기 일쑤였다.

파울리와 하이젠베르크의 토론에는 오토 라포르테라는 친구도 가끔 참여했다. 라포르테의 중재로 그들은 산으로 자전거 여행을 간 적이 있었다. 파울리와 함께한 유일한 산행이었다. 며칠을 함께 여행하다가 어느 여관에서 파울리가 하이젠베르크에게 아인슈타인의 상대성이론을 이해하고 있느냐고 물었다. 그러나 하이젠베르크는 자연과학에서 이해한다는 것이 무엇을 뜻하지 알 수 없다고 대답했다. 하이젠베르크에게 상대성이론의 수학적 구조는 어렵지 않았지만 서로 다른 운동 상태에 있는 두 관측자가 시간을 다르게 측정한다는 것의 실제적인 의미를 자신이 제대로 이해하고 있는지 확신할 수 없었다. 따라서 하이젠베르크는 자신이 상대성이론을 이해하고 있는지 모르겠다고 했다. 파울리는 하이젠베르크의 생각에 반대했다.

"당신은 수학적 계산을 통해 서로 다른 관측자가 어떤 시간을 측정할 것인지를 알아낼 수 있고, 그들이 실제로 시간을 측정했을 때 당신의 계산 결과와 같은 값을 얻을 거라고 확신하고 있어요. 그런데 그 이상 무엇을 더 이해해야 하나요?"

하이젠베르크는 더 이상 무엇을 알아야 하는지를 모르는 것이 자신의 문제라고 했다.

"나는 수학적 구조에 의해 기만당하고 있다는 느낌이 들 때가 있어요. 물리학을 공부하지 않고도 우리는 시간이 무엇인지 알고 있어요. 그리고 그런 시간 개념을 바탕으로 물리학을 연구하고 있지요. 그런데 시간의 개념을 바꿔야 한다고 주장한다면 우리가 사용하고 있는 언어와 사고로 과연 진리에 도달할 수 있을지 잘 모르겠어요. 시간과 같은 기본적인 개념을 바꿔야 한다면 우리가 지금까지 사용해 온 사고방식이나 언어도 불확실한 게 되는 것이 아닐까요?"

라포르테는 하이젠베르크의 의구심이 근거 없는 것이라고 반박했다.

"철학에서는 공간이나 시간의 개념이 확고해서 더 이상 바뀔 수 없는 것처럼 보이지요. 하지만 철학에서 사용하는 용어들은 단지 특정한 목적을 위해 고안된 명명법에 지나지 않을지도 몰라요. 따라서 모든 개념의 절대성은 거부되어야 한다고 생각합니다. 아인슈타인은 시계로 측정한 것이 시간이라는 아주 평범한 생각에서 출발했어요. 시간을 그렇게 받아들이면 상대성이론에서 이야기하는 시간이라는 개념에 어려움을 느낄 필요가 없을 겁니다. 한 이론이 관찰 결과를 정확하게 예측하면 그 이론은 이해에 필요한 모든 것을 제공하고 있다고 할 수 있으니까요."

파울리는 라포르테의 말에 몇 가지 조건을 붙였다.

"당신의 주장은 몇 가지 전제 아래서만 타당할 겁니다. 첫째, 이론의 예측이 모순 없이 일관되어야 해요. 상대성이론은 이런 전제를 만족시켜요. 둘째, 이론이 적용할 수 있는 범위가 확실해야 해요. 세상의 모든 현상을 설명할 수 있는 이론은 없기 때문에 이러한 제한이 없다면 곧 모순에 빠지고 말 겁니다. 그러나 이러한 전제가 만족되는 경우에도 미래의 결과를 예측하는 것이 완전한 이해인지는 확실하지 않아요."

하이젠베르크는 지구중심설과 태양중심설을 예로 들어 미래 예측과 이해가 같은 것이 아닐 수도 있다고 했다.

"고대 그리스의 천문학자 아리스타르코스는 태양중심설을 주장했지만 히파르코스에 의해 거부된 후 역사 속으로 사라졌어요. 그 후 프톨레마이오스가 이심원(대원)과 주전원(소원) 운동을 바탕으로 하는 지구중심설을 제안했지요. 태양계 행성들의 운동을 상당히 정확하게 예측할 수 있었던 프톨레마이오스의 지구중심설은 무려 1500년 동안 사실로 받아들여졌어요. 이런 경우 프톨레마이오스도 태양계를 이해했다고 할 수 있을까요?"

라포르테는 하이젠베르크의 말에 이의를 제기했다.

"프톨레마이오스의 천문학은 훌륭한 것이었어요. 그리고 뉴턴역학이 처음부터 행성의 운동을 정확하게 예측한 것도 아니었고요. 그러나 시간이 지남에 따라 뉴턴역학을 이용하면 프톨레마이오스의 계산보다 더 정확하게 천체 운동을 예측할 수 있다는 것을 알게 되었지요. 뉴턴이 프톨레마이오스보다 더 나은 무엇을 알아낸 것이 아니라 시간이 지남에 따라 결실이 풍부해졌다는 겁니다."

파울리는 라포르테의 주장이 지나치게 실증주의적 생각이라고 보았다.

"나는 그렇게 생각하지 않아요. 나는 뉴턴역학은 근본적으로 프톨레마이오스의 천문학과 다르다고 생각해요. 프톨레마이오스는 운동 자체에만 주목한 반면 뉴턴은 운동의 원인을 문제 삼았고, 따라서 중력으로 천체 운동을 설명할 수 있었어요. 뉴턴 이후에 태양계를 이해한다는 것은 중력으로 천체 운동을 설명하고 예측할 수 있음을 의미해요. 그리고 뉴턴이 제안한 역학은 천체의 운동뿐만 아니라 포물선운동, 진자의 운동, 팽이의 세차운동을 통일적으로 설명할 수 있었어요. 따라서 뉴턴의 설명은 프톨레마이오스의 설명을 훨씬 능가합니다."

그러나 라포르테의 반론도 만만치 않았다.

"운동의 원인으로서의 힘 또는 중력은 매우 그럴듯한 설명으로 보이지만 그것은 고작 한 걸음 더 내디딘 것에 지나지 않아요. 사람들은 곧 중력의 원인이 무엇이냐고 물을 것이기 때문이에요. 따라서 모든 것의 원인을 알아낸 후에야 그것을 이해했다고 한다면 이해했다고 할 수 있는 일이 과연 있을 수 있을까요?"

파울리는 라포르테의 말을 강하게 반박했다.

"자연에 관한 지식은 개별적인 현상이나 일정한 형태의 현상에 관한 지식만 가지고 얻어지는 것이 아니라 많은 경험적 사실들을 서로 연관된 것으로 인식하고 단순한 하나의 근거에 귀착시킬 수 있을 때 얻어지는 거예요. 연관된 현상들이 다양하고 풍부할수록 그리고 그것을 설명하는 원리가 간단할수록 더 잘 이해했다고 할 수 있지요."

이때 하이젠베르크가 끼어들었다.

"상대성원리는 많은 현상들을 간단한 수학적 원리로 통일적으로 기술할 수 있기 때문에 시간과 공간에 대한 새로운 개념에도 불구하고 상대성원리를 이해했다는 느낌을 받을 수 있어요."

파울리가 동의했다.

"그리스인들의 방식으로 설명하자면 많은 것들을 하나에 소급시키는 것, 다시 말해 다양한 경험적 사실을 간단한 원리로 설명할 수 있는 경우에만 그것을 이해했다고 말해요. 미래를 예측할 수 있는 능력은 제대로 이해한 결과일 수도 있지만 그렇지 않은 것일 수도 있기 때문에 미래 예측 가능성만으로는 이해했다고 할 수 없어요."

라포르테는 여전히 불만스러워했다.

"이런 문제를 왜 이렇게 복잡하게 따져야 하는지 모르겠군요. 직접적으로 인지된 것만을 사실로 인정한다면 복잡한 철학을 배제하고도 어떤 것을 이해한다는 것이 무슨 의미인지 알 수 있을 겁니다."

파울리는 라포르테의 말을 인정하지 않았다.

"당신의 이야기는 이미 마흐가 제기했던 것과 같아요. 원자를 직접 관찰할 수 없다는 이유로 마흐는 원자의 존재를 인정하지 않았어요. 그러나 물리학이나 화학에서 관측되는 많은 현상들이 원자를 바탕으로 설명되고 있지요. 따라서 직접적으로 인지된 것만을 이해한다고 하는 것은 지나친 단순화입니다."

이해한다는 것이 무엇을 의미하는지에 대한 토론은 여기서 일단락되었고, 다음에는 원자의 구조에 대한 토론으로 넘어갔다. 이날 시작된 원자구조에 대한 토론은 그들이 뮌헨으로 돌아온 후에도 계속되었다. 러더퍼드는 금박 실험을 통해 전자들이 원자핵 주위를 돌고 있는 원자모형을 제안했다. 원자가 놀라운 안정성을 유지하기 위해서는 원자핵 주위를 돌고 있는 전자들의 운동이 태양 주위를 돌고 있는 행성들과는 달리 기존의 역학이나 전자기학과는 다른 새로운 법칙에 의해 이루어져야 한다. 보어는 플랑크의 양자조건과 양자도약을 이용하여 원자 주위를 도는 전자의 행동과 원자가 내는 스펙트럼을 설명했다.

어느 날 파울리가 하이젠베르크에게 원자 안에 전자궤도 같은 것이 실제로 있다고 믿느냐고 물었다. 하이젠베르크는 자신의 생각을 이야기했다.

"안개상자에 나타난 궤적은 전자가 지나간 자리를 나타내지요. 안개상자 안에 전자의 궤적이 있다면 원자 안에도 있을 수 있겠지요. 그러나 원자 안의 전자궤도는 안개상자에 나타난 궤적과는 같은 것이 아닐 겁니다."

파울리도 하이젠베르크의 생각에 동의했다.

"원자 안에 전자궤도가 있다면 궤도를 도는 전자들은 전자기파를 방출해야 하지만 그렇지 않아요. 전자기파는 한 궤도에서 다른 궤도로 건너뛰는 양자도약에 의해서만 방출됩니다. 말도 안 되는 이야기처럼 들려요. 보어는 원자핵 주위를 도는 전자의 궤도를 알아냈다고 하지만 그것을 어느 정도 믿을 수 있을지 모르겠어요. 그러나 안개상자에는 전자가 지나간 자리가 뚜렷하게 나타납니다. 어쩌면 보어가 옳을 수도 있어요."

이에 대해 하이젠베르크는 좀 더 낙관적인 생각을 가지고 있었다.

"보어의 원자모형은 많은 문제점들을 가지고 있음에도 불구하고 대단히 매력적인 이론이에요. 모순처럼 보이는 가정에서 출발하여 진리의 일부를 포함하고 있는 듯 보이는 원자모형을 이끌어 낸 것은 대단한 일입니다. 보어는 자신이 제안한 원자모형을 양자조건과 같은 불완전한 방법을 이용해 과학자들을 이해시키려 하고 있어요. 따라서 보어 자신이 전자궤도의 실재성을 믿고 있는지는 확실하지 않지만 자신이 제안한 원자모형에 대해서는 확신을 가지고 있을 겁니다."

하이젠베르크가 파울리와 보어의 원자에 대해 긴 이야기를 나눈 후인 1922년 초여름에 조머펠트는 괴팅겐대학에서 있었던 보어의 강연에 하이젠베르크를 데리고 갔다. 보어는 자신의 이론이 계산과 증명을 통해서가 아니라 직관과 추론을 통해 얻어진 것이라고 설명했다. 3부로 이루어진 강의는 한 부가 끝날 때마다 질문을 받고 토론을 벌이는 식이었다. 3부 강의가 끝났을 때 하이젠베르크는 뮌헨의 토론에서 했던 내용을 바탕으로 보어의 이론에 대해 비판적인 의견을 말했다. 토론이 끝나고 보어가 하이젠베르크에게 다가와 하이젠베르크가 제기했던 문제들을 다시 의논하기 위해 오후에 하인베르크산을 산책하자고 제안했다.

산책을 하면서 보어가 먼저 이야기를 시작했다.

"내 이론의 출발점은 그야말로 경이라고밖에는 말할 수 없는 물질의 안정성이었어요. 물질의 안정성이란 물질이 반복하여 같은 성질을 나타낸다는 것, 같은 결정을 반복해서 형성한다는 것, 같은 화학 결합이 생긴다는 것과 같은 것들을 말해요. 많은 변화가 일어난 다음에도 철 원자는 항상 같은 철 원자예요. 이것은 고전역학으로는 이해할 수 없는 일이지요. 이것은 자연이 특정한 형식을 가지고 있으며, 이 형식이 방해를 받든가 파괴되더라도 항상 다시 그 형식으로 돌아가려는 경향을 가지고 있음을 뜻해요. 뉴턴역학에 의하면 현재의 상태는 이전 상태에 의해 결정되어야 하지요. 그러나 원자의 세계에서는 이런 뉴턴역학이 적용되지 않는 것 같아요. 플랑크가 발견한, 에너지가 양자화되어 있다는 양자가설을 원자핵 주위를 돌고 있는 전자들에 적용하면 원자에 정상상태라고 부르는 에너지 상태가 있어야 해요. 원자가 가지고 있는 정상상태는 이미 알려진 법칙이나 개념으로는 설명할 수 없어요. 우리는 원자구조를 설명할 수 있는 언어를 가지고 있지 않기 때문이에요. 따라서 우리는 전혀 다른 언어를 사용하는 먼 나라에 표류 중인 항해자와 같은 상태예요. 원자에 대해 이전에 사용하던 용어(물리법칙)로 설명하는 것은 가능하지 않기 때문에 손으로 신중하게 더듬어 가면서 조심스럽게 경험들 사이의 연관성을 찾아내야 합니다. 내가 제시한 원자모형은 이론적 계산을 통해 얻어진 것이 아니라 경험으로부터 나온 추론의 결과라고 할 수 있어요."

여기까지 이야기한 보어가 하이젠베르크의 신상에 대해 여러 가지 질문을 했다. 하이젠베르크는 자신이 아직 학부생이라는 것과 조머펠트 교수의 세미나에서 토론한 내용들에 대해서도 이야기를 했다. 하이젠베르크의 이야기를 듣고 난 보어는 하이젠베르크를 코펜하겐으로 초청했다.

"더 많은 이야기를 나누기 위해 코펜하겐을 방문해 주었으면 좋겠어요. 가능하면 오래 머물면서 함께 물리학을 연구할 수 있으면 더 좋고요."

보어의 말을 들은 하이젠베르크는 새로운 희망으로 가슴

이 부풀어 올랐다.

4) 역사에 대한 교훈 1922-1924

1922년 여름에 조머펠트는 하이젠베르크에게 일반상대성
이론에 대한 강연이 예정되어 있는, 라이프치히에서 열리는
독일 과학자와 의사 모임에 참석할 것을 권했다. 하이젠베르
크는 아인슈타인의 강의를 직접 들을 수 있다는 기대에 부풀
어 라이프치히로 갔다. 아인슈타인의 강연은 큰 홀에서 열렸
다. 강의가 시작되기 전에 어떤 젊은이가, 상대성이론은 유대
인들이 운영하는 신문사들에 의해 과대 선전 되어 있는 불확
실한 이론이라고 주장하는 유인물을 나누어 주었다. 그런 유
인물을 만든 사람이 실험 연구로 높은 명성을 얻고 있는 과학
자였다는 사실을 알게 된 하이젠베르크는 크게 실망했다.

과학은 정치적 논쟁에서 멀리 떨어져 있을 것이라고 생각
하고 있던 하이젠베르크는 이 사건으로 학문도 정치적 선동
으로 오염될 수 있다는 것을 알게 되었다. 하이젠베르크는 이
사건으로 오히려 상대성이론의 정당성을 확신하게 되었다.

물리학자가 아주 잘못된 방법으로 상대성이론을 반박하려는 것은 정당한 방법으로는 상대성이론을 논박할 수 없다는 것을 알고 있기 때문이라고 생각한 것이다. 이 사건으로 하이젠베르크는 아인슈타인의 강의를 제대로 들을 수 없었는데, 설상가상으로 강의를 듣는 사이에 배낭과 옷을 모두 도난당했다. 다행히 기차표는 주머니에 넣고 있었기 때문에 서둘러 뮌헨으로 돌아올 수 있었다.

하이젠베르크가 보어의 초대에 응해 코펜하겐으로 간 것은 1년 6개월 후인 1924년 봄이었다. 그동안 한 학기는 괴팅겐에서 보냈고, 학위논문을 작성하고 졸업시험을 보았으며, 졸업한 후에는 다시 괴팅겐으로 가서 보른의 조수로 일했다. 하이젠베르크는 보어의 연구소에서 세계 곳곳에서 온 뛰어난 젊은이들을 많이 만났다. 어느 날 보어는 하이젠베르크에게 며칠 동안 셸란섬으로 도보 여행을 가자고 했다. 보어와 하이젠베르크는 단둘이서 배낭만을 메고 여행을 떠났다. 이 여행에서 보어와 하이젠베르크는 주로 제1차 세계대전 동안에 겪었던 자신들의 경험담과 함께 독일과 덴마크의 서로 다른 역사 전통에 대해 이야기를 나누었다. 보어는 우선 10년 전 제1차 세계대전이 발발했을 때 독일의 젊은이들이 어떻게 반응했는지 알고 싶어 했다.

"전쟁이 얼마나 많은 희생을 불러오는지를 안다면 한 민족이 적개심에 도취되어 전쟁을 일으킨다는 것은 어이없는 일이 아닐 수 없어요."

하이젠베르크는 당시 자신이 겪었던 이야기를 했다.

"저는 당시 열두 살의 초등학생이었습니다. 저는 적개심에 도취되었다는 표현이 당시 독일의 상태를 제대로 나타낸다고 생각하지 않습니다. 제가 알고 있던 어떤 사람도 전쟁이 일어나는 것을 좋아하지 않았습니다. 그러나 전쟁이 일어나자 상황이 달라졌습니다. 당시 독일 사람들은 오스트리아와의 연대를 중요하게 생각하고 있었습니다. 따라서 오스트리아 황태자의 암살에 분개했습니다. 독일 사람들은 스스로 우리의 권리를 지켜야 한다고 생각하고 궐기했으며, 이러한 궐기가 사람들을 도취시켰습니다."

보어는 덴마크에서는 독일과 다르게 생각하고 있다고 설명했다.

"프로이센은 거대한 제국을 수립할 수 있는 능력이 있었지만 사람들의 신뢰를 얻는 데는 실패했어요. 독일 사람들의 생활 방식이 다른 나라 사람들에게는 납득이 되지 않았기 때문일 겁니다. 독일은 다른 나라를 설득하는 대신 침략을 선택했지요. 독일은 작은 나라인 벨기에를 침공했어요. 벨기에는 독일을 적대시하지도 않았고, 오스트리아 황태자 암살과 아무런 관련이 없었는데도 말이에요."

보어와 하이젠베르크는 전쟁에서 개인의 역할에 대해 이야기했다. 그들은, 전쟁은 개인들의 선택과는 관계없이 정치가들의 결정에 의해 일어나지만 개인들은 자신의 목숨을 희생할 것을 요구받았을 때 그 요구에 복종할 수밖에 없는 것이 현실이라고 이야기했다. 그들은 햄릿에 관한 전설이 있는 크론보르성도 지나쳤다. 13세기의 연대기에 햄릿이라는 이름이 나타나 있는 것을 발견하고 크론보르성과 햄릿을 연결시키자 이 성이 갑자기 다르게 느껴지기 시작했고 많은 사람들이 찾는 관광 명소가 되었다고 했다.

그들은 해안을 걸으면서 독일과 덴마크의 지형에 대해서도 이야기했다. 보어는 덴마크가 저지대로 이루어진 나라여서 가장 높은 산의 높이가 160미터라고 이야기해 주었다. 이 정도의 높이는 다른 나라에서는 산이라고 할 수도 없을 것이다. 보어는 하이젠베르크가 자주 했던 도보 여행에 대해서도 알고 싶어 했고, 하이젠베르크는 자신이 했던 도보 여행에 대해 자세하게 설명하면서 도보 여행 중에 들렀던 수도원에 대해서도 이야기했고, 라이프치히에서 있었던 아인슈타인 강의에서 목격한 일들도 이야기했다. 하이젠베르크가 이런 이야기를 길게 설명한 것은 전쟁과 같은 국가적인 사건과 역사의 흐름 속에서 개인의 역할과 책임에 대해 생각해 보고 싶었기 때문이었다.

5) 양자역학에 관한 아인슈타인과의 대화 1925-1926

원자물리학은 발전을 거듭하고 있었지만 원자의 안정성에 대한 이해를 곤란하게 했던 내부 모순들은 여전히 해결되지 못한 채 오히려 예리하게 그 모습을 드러내고 있었다. 미국의 콤프턴은 광자가 전자에 의해 산란될 때 진동수가 변한다는 사실을 발견했다. 이것은 아인슈타인이 광전효과를 설명하는 과정에서 예견했던 것처럼 빛이 작은 입자로 전자와 상호작용함을 의미했다. 그러나 빛이 파동이라는 실험 결과도 계속 발표되고 있었다.

당시 원자물리학은, 짙은 안개가 골짜기를 뒤덮고 있는 가운데 높은 산 정상들만이 햇빛을 받아 밝게 빛나는 그런 형국이었다. 높은 산봉우리를 비추는 밝은 빛에도 불구하고 전체적으로는 아직도 안개 속에 있었다. 1924년 7월 이후 하이젠베르크는 수소 스펙트럼의 세기를 계산해 낼 수 있는 식을 찾아내는 연구를 하고 있었는데, 그의 연구는 미로에 빠져 출구를 찾아내지 못하고 있었다.

그러나 하이젠베르크는, 원자에서는 전자의 궤도를 문제삼으면 안 되고 진동수와 세기를 결정하는 양을 궤도 대용으로 사용할 수 있으리라는 확신을 갖게 되었다. 원자가 내는 복사선의 진동수는 직접 측정할 수 있는 양이었다. 이처럼 측정이 가능한 양만을 원자의 구조를 결정하는 요소로 간주해야 한다고 생각했다. 하이젠베르크는 진자의 진동운동을 원자핵을 도는 전자의 궤도운동과 연관시키는 방법을 생각하게 되었다. 1925년 초 건초 열병으로 보른 교수로부터 2주간의 휴가를 받아 휴양을 떠난 하이젠베르크는 휴양지인 헬골란트섬에서 원자가 내는 복사선의 세기를 계산해 내는 식을 드디어 찾아냈다.

그것은 하이젠베르크가 수학적으로 아무런 모순이 없는 새로운 양자역학을 찾아냈음을 의미했다. 하이젠베르크는 원자 내부에 깊숙이 간직되어 있던 자연의 아름다움을 바라보는 느낌을 받았다. 하이젠베르크가 최종 결과를 얻은 것은 새벽 3시가 가까운 시간이었지만 흥분으로 잠을 이룰 수 없었다. 그래서 새벽의 여명을 뚫고 섬 남단에 있는 산봉우리를 향해 걷기 시작했다. 그곳에는 바다에 돌출하여 고고히 서 있는 바위 탑이 있었다. 하이젠베르크는 그 탑에 올라가 일출을 기다렸다.

하이젠베르크가 찾아낸 결과를 받아 본 괴팅겐의 보른과 요르단이 그의 연구 결과를 행렬이라는 새로운 수학 형식으로 정리했다. 그렇게 해서 행렬역학이 완성되었다. 원자가 내는 스펙트럼의 세기를 설명할 수 있는 새로운 양자역학 체계가 만들어진 것이다. 하이젠베르크는 1926년 봄에 물리학의 중심지였던 베를린에서 새로운 양자역학에 대하여 강의하도록 초대받았다. 강의와 토론이 끝난 후 아인슈타인은 새로운 이론에 대하여 좀 더 상세한 이야기를 듣기 위해 하이젠베르크를 자신의 집으로 초대했다.

아인슈타인의 집에서 있었던 하이젠베르크와의 토론에서 먼저 이야기를 시작한 사람은 아인슈타인이었다.

"원자 안에 전자가 있다는 당신의 전제는 옳다고 생각합니다. 우리는 안개상자 안에서 전자의 궤도를 직접 관측할 수 있어요. 그런데 당신의 계산에서는 원자 내의 전자궤도를 전혀 고려하지 않았어요. 무슨 근거로 그렇게 했는지요?"

"원자 안에서의 전자궤도는 측정이 가능하지 않습니다. 그러나 원자가 내는 복사선을 측정하면 원자 안에 있는 전자의 진동수와 진폭은 알 수 있습니다. 저는 측정할 수 없는 전자궤도 대신 측정이 가능한 진동수와 진폭을 이론의 바탕으로 했을 뿐입니다. 측정 가능한 양만을 바탕으로 한 이론을 받아들이는 것이 합리적이라고 생각합니다."

하이젠베르크의 이야기를 들은 아인슈타인은 조심스럽게 말했다.

"측정 가능한 양만을 물리이론에 받아들이는 것에 대해서는 좀 더 생각해 보아야 합니다."

하이젠베르크는 놀라서 물었다.

"저는 선생님이 측정 가능한 것만을 받아들인다는 전제로 상대성이론을 만들었다고 생각하고 있습니다. 측정이 가능하지 않은 절대시간을 버리고 시계로 측정할 수 있는 시간만을 시간의 기준으로 삼지 않으셨습니까?"

아인슈타인이 대답했다.

"그런 철학을 이용했던 것은 사실이지만 그것은 그리 중요한 것이 아니었어요. 측정할 수 있는 양만을 이론의 근거로 삼으려는 것은 전적으로 잘못된 것이에요. 사람이 무엇을 측정할 수 있는지를 결정하는 것이 이론이에요. 측정되어야 할 현상은 측정 장치에 어떤 사건을 만들어 내고 그것이 감각인상을 만들어 냅니다. 이 과정에서 자연이 어떻게 기능하는지를 우리는 알아야 해요. 우리가 무엇을 측정했다고 이야기하기 위해서는 그 현상과 관련된 자연법칙을 알고 있어야 합니다. 따라서 새로운 이론의 바탕이 되는 어떤 것을 측정했다고 해도 그것을 측정하는 과정은 이전의 자연법칙에 근거하고 있다는 것을 알아야 합니다. 당신은 원자가 내는 스펙트럼을 측정하는 장치들이 맥스웰의 법칙에 따라 작동하고 있다고 전제하고 있어요. 그렇지 않다면 측정 결과 자체가 의미를 가질 수 없으니까요. 따라서 측정 가능한 양만을 바탕으로 새로운 이론을 만들어 낸다는 것은 가능한 일이 아니에요."

하이젠베르크는 아인슈타인의 주장을 이해할 수 있었지만 그의 그런 태도에는 놀라지 않을 수 없었다.

"사람들에게는 선생님이, 이론이란 측정의 총괄에 지나지 않는다는 마흐의 생각을 바탕으로 상대성이론을 만든 것으로 알려져 있습니다. 그러나 지금 선생님은 정반대되는 이야기를 하고 계십니다. 저는 무엇을 믿어야 할지 모르겠습니다."

"마흐의 생각은 진리의 일부를 포함하고 있기는 하지만 내게는 너무 진부한 것입니다. 우리는 어려서부터 대상에 대한 감각인상을 말에 대응시키는 방법을 배우지요. 가령 공이라는 말에 대해 생각해 봅시다. 우리는 어떤 감각인상을 만들어 내는 대상을 공이라고 불러야 하는지를 배우지요. 공이라는 개념은 다양한 감각인상을 한 단어로 총괄할 수 있게 해 줍니다. 이런 것을 마흐가 이야기한 사유의 경제라고 할 수 있어요. 마흐는 자연과학의 이론들도 같은 방식으로 이루어진다고 생각하고 있어요. 우리는 복잡하고 다양한 현상들을 간단한 이론에 귀속시키는 데 성공하면 그 현상들을 이해했다고 합니다. 그러나 우리는 복잡한 감각인상들을 간단한 개념으로 총괄하는 것이 심리적인 단순화에 지나지 않는 것인지 아니면 총괄하는 개념이 실제로 존재하는지를 따져 보아야 합니다. 마흐는 세상이 실제로 존재한다는 사실과 우리의 감각인상이 어느 정도 객관적이라는 점을 지나치게 강조하고 있어요. 그런 생각은 지나치게 소박한 거예요. 당신은 안개상자 안에서는 전자의 궤도를 측정할 수 있지만 원자 안에서는 측정이 가능하지 않기 때문에 전자의 궤도가 존재하지 않는다고 말합니다. 공간이 축소되었다는 이유로 궤도를 폐지하는 것이 정당할까요?"

하이젠베르크는 새로운 양자역학을 좀 더 자세하게 설명할 필요를 느꼈다.

"현재 우리는 원자 안에서 일어나는 일들을 설명할 언어를 가지고 있지 않습니다. 우리는 수학적 형식을 이용하여 원자의 정상상태나 한 상태에서 다른 상태로 전이할 확률을 계산할 수 있지만 그것을 표현할 언어는 가지고 있지 않습니다. 이론을 실험과 연결시키려면 그것을 나타낼 언어가 필요합니다. 실험에서는 아직도 고전물리학의 언어를 사용하고 있기 때문입니다. 따라서 아직은 양자역학을 이해했다고 말할 수 없습니다. 그런 언어를 발견하면 안개상자에 나타난 전자의 궤적을 내부 모순 없이 설명할 수 있게 될 것입니다. 따라서 선생님이 지적하신 궤도의 문제를 해결하기에는 아직 시기상 조라고 봅니다."

아인슈타인은 이 문제에 대해서는 후에 다시 이야기하기로 하고 원자가 한 상태로부터 다른 상태로 전이하는 방법에 대한 이야기를 하자고 했다.

"당신은 원자가 에너지준위의 차이만큼의 에너지를 가진 광자를 방출함으로써 전이가 이루어진다고 설명하고 있어요. 한 정상상태로부터 다른 정상상태로의 전이를 좀 더 정확하게 설명할 수 없을까요?"

하이젠베르크는 보어의 생각을 인용해 대답했다.

"보어 선생님은 한 정상상태로부터 다른 정상상태로의 전이인 양자도약이 공간과 시간의 한 과정으로 서술될 수 없다고 말했습니다. 그것은 양자도약 과정에 대해 아무것도 모르고 있다는 말과 같습니다. 양자도약은 원자의 안정성과 원자가 내는 스펙트럼의 불연속성을 설명하기 위한 장치일 뿐입니다. 지금 선생님께서는 우리가 아직 충분히 이해하지 못하고 있는 양자역학으로 엄청나게 어려운 문제를 설명하라고 하고 계십니다. 그러나 다음과 같이 생삭해 볼 수는 있을 것입니다. 양자도약을 영화에서 한 영상이 다른 영상으로 바뀌는 것으로 비유할 수 있을 것입니다. 영상은 한꺼번에 바뀌는 것이 아니라 한 영상이 희미해지면서 다른 영상이 나타나 서서히 그것을 대체합니다. 원자에도 두 상태를 분간할 수 없는 중간상태가 존재한다고 생각합니다."

아인슈타인은 하이젠베르크의 생각이 너무 위험하다고 했다.

"당신은 자연이 실제로 어떻게 작용하고 있는지에 대해서는 말하지 않고 있어요. 자연과학에서는 자연이 어떻게 작용하는지를 이해하는 것이 중요해요. 당신의 이론이 옳다는 것을 주장하려면 원자가 빛의 복사를 통해 한 상태로부터 다른 상태로 전이하는 양자도약이 어떻게 일어나는지를 설명해야 할 겁니다."

하이젠베르크는 머뭇거리지 않을 수 없었다.

"지금 제가 정확하게 그 과정을 이해하고 있지 못하고 있다는 것을 솔직히 인정합니다. 원자이론이 좀 더 발전되기를 기다려야 할 것입니다."

그러자 아인슈타인이 결정타를 날렸다.

"아직 설명할 수 없는 문제들이 남아 있는데도 당신의 이론에 확신을 가지고 있나요?"

하이젠베르크는 잠시 생각한 끝에 자신의 생각을 이야기했다.

"자연현상을 단순하고 아름다운 수학을 이용해 유도할 수 있을 때 그것을 자연의 참모습이라고 할 수 있을 것입니다. 자연현상을 나타내는 수학적 형식이 자연과 인간의 관계를 나타내는 것일 수도 있고, 그 안에 사유경제의 요소들이 포함되어 있을 수도 있습니다. 이런 수학적 형식은 실재에 대한 우리의 생각뿐만 아니라 실재 그 자체도 나타낸다고 생각합니다. 따라서 저는 지금까지 언급된 문제들이 어떻게든지 해결될 것이라고 생각합니다. 수학적 형식은 그것을 증명할 실험을 고안하도록 할 것입니다. 그런 실험을 통해 이론으로 예측한 결과들이 얻어진다면 이 이론이 자연을 올바로 나타내고 있다는 것을 받아들이지 않을 수 없을 겁니다."

하이젠베르크의 이야기를 들은 아인슈타인은 아직도 이해할 수 없다는 표정을 지었다.

"실험으로 모든 것을 검증할 수는 없어요. 당신이 말하는 단순성에 대해서는 큰 흥미를 느끼지만 자연법칙이 왜 단순해야 하는지는 알 수 없군요."

이날 하이젠베르크는 물리학에서 이야기하는 진리가 무엇을 뜻하는지에 대해 이야기를 조금 더 나눈 후 아인슈타인과 헤어졌다.

6) 신세계로 향하는 길 1926-1927

콜럼버스가, 되돌아가는 것이 불가능할지도 모르는 대서양의 한가운데서 과감하게 서쪽을 향해 나아가기로 한 결단으로 신대륙을 발견할 수 있었던 것처럼 과학에서도 신세계를 발견하기 위해서는 그때까지 서 있었던 바닥을 박차고 허공으로 뛰어드는 모험을 해야 한다. 아인슈타인은 상대성이론이라는 신세계를 발견하기 위해 그때까지 발을 디디고 있던 시간과 공간의 개념을 포기했다. 신세계로 들어가기 위해서는 새로운 사실을 받아들여야 할 뿐만 아니라 사고하는 방법까지도 바꿔야 한다.

하이젠베르크가 베를린에서 강의를 하던 1926년 초에 원자론의 문제들을 전혀 새로운 방법으로 다룬 오스트리아의 물리학자 슈뢰딩거의 연구 결과가 괴팅겐의 물리학자들에게 알려졌다. 그보다 3년 전인 1923년에 프랑스의 물리학자 루이 드브로이가 전자와 같은 입자도 파동의 성질을 가지고 있다고 주장했다. 슈뢰딩거는 이 생각을 더욱 발전시켜 전자들의 행동을 나타내는 파동함수를 구할 수 있는 방정식을 제안했다. 슈뢰딩거는 파동역학이 양자역학(행렬역학)과 수학적으로 동등하다는 것을 증명했다. 슈뢰딩거방정식을 이용하면 행렬역학의 복잡한 많은 계산들을 간단하게 할 수 있었으므로 괴팅겐의 물리학자들은 파동역학을 환영했다.

그러나 파동함수의 해석에서는 의견을 달리했다. 슈뢰딩거는 전자를 입자가 아니라 물질파라고 간주하면, 양자도약과 같은 이해할 수 없는 현상을 도입하지 않고도 원자가 내는 스펙트럼을 설명할 수 있다고 주장했다. 보어와 파울리 그리고 하이젠베르크를 비롯한 코펜하겐과 괴팅겐의 물리학자들은 원자 안에서 일어나는 현상들을 시공간적으로 명확하게 기술하는 것은 가능하지 않다고 확신하고 있었다. 플랑크가 발견한 에너지의 양자화나 아인슈타인의 광전효과가 그렇게 이야기해 주고 있었다. 그러나 슈뢰딩거는 불연속성을 인정하지 않았고, 두 물질파가 간섭을 통해 복사선을 방출한다고 주장했다. 하이젠베르크는 슈뢰딩거의 주장을 반박하기 위해 에너지의 불연속성을 나타내는 실험 결과들을 수집했다.

1926년 여름이 끝나 갈 무렵 조머펠트가 슈뢰딩거에게 강의해 달라고 뮌헨의 세미나에 초청했다. 당시 코펜하겐에서 일하고 있던 하이젠베르크는 부모님과 함께 휴가를 보내기 위해 뮌헨을 방문하고 있던 참이어서 슈뢰딩거의 강의를 들을 수 있었다. 슈뢰딩거는 파동역학을 이용해 수소 원자가 내는 스펙트럼을 설명했다. 그는 복잡한 방법으로 해결해야 했던 문제들을 간단한 수학적 방법으로 풀어내 사람들을 놀라게 했다. 마지막에 그는 파동함수에 대한 해석에 대해서도 언급했다. 강의 후에 있었던 토론에서 하이젠베르크는 슈뢰딩거방정식으로는 플랑크의 복사곡선을 설명할 수 없다고 지적했다. 그러나 하이젠베르크의 스승이었던 빌헬름 빈이 슈뢰딩거의 파동역학을 지지했다. 그는 양자도약과 같은 무의미한 것들은 더 이상 논의조차 할 필요가 없게 되었다고 단정하고 흑체복사의 문제도 슈뢰딩거방정식으로 곧 해결될 것이라고 했다. 슈뢰딩거 자신은 파동역학에 대해 빈만큼 확신하고 있는 것 같지는 않았지만 흑체복사의 문제를 해결하는 것은 시간문제일 것이라고 했다.

이 논쟁으로 실망한 하이젠베르크는 집으로 돌아와 그날 있었던 토론에 대해 보어에게 편지를 썼다. 보어는 양자역학과 파동역학의 해석에 관해 토론하기 위해 9월에 코펜하겐을 방문해 달라고 슈뢰딩거를 초청했다. 슈뢰딩거는 이 초청에 응했고, 하이젠베르크도 두 사람의 토론에 참석하기 위해 코펜하겐으로 갔다. 코펜하겐 역에서부터 시작된 보어와 슈뢰딩거의 토론은 매일 이른 아침부터 저녁 늦게까지 계속되었다. 슈뢰딩거는 보어의 집에 머물렀기 때문에 두 사람은 다른 사람들의 방해를 받지 않고 토론에 집중할 수 있었다. 두 사람은 자신의 생각에 확신을 가지고 열정적으로 토론에 임했다.

슈뢰딩거 당신들의 양자역학에는 많은 문제점이 있습니다. 정상상태에서 원자핵을 도는 전자는 왜 전자기파를 내지 않는지에 대한 아무런 설명이 없습니다. 원자가 전자기파를 내기 위해서는 한 궤도에서 다른 궤도로 건너뛰어야 한다는데 이런 전이는 갑자기 일어납니까, 아니면 천천히 일어납니까? 서서히 일어나는 것이라면 전자도 회전진동수와 에너지를 서서히 변화시켜야 하는데 어떻게 원자가 선스펙트럼을 냅니까? 양자도약에 의해 전이가 일어난다면 도약이 일어나는 동안 전자가 어떻게 움직이고 있는지 설명해야 합니다. 또 양자도약이 어떤 자연법칙에 의해 일어나는지도 설명해야 합니다. 결론적으로 말해 양자도약은 있을 수 없는 일입니다.

보어 잘 지적해 주셨습니다. 그러나 우리의 일상 경험과 현재까지의 실험은 양자도약을 설명하기에 충분하지 않습니다. 원자 안에서 일어나고 있는 현상들은 우리가 직접 경험할 수 없기 때문에 우리가 가지고 있는 개념은 그 현상을 설명하기에 적합하지 않습니다.

슈뢰딩거 나는 여기서 개념이나 언어에 대한 철학적 토론은 하고 싶지 않습니다. 나는 원자 안에서 무슨 일이 일어나고 있는지를 알고 싶을 뿐입니다. 원자 안에 입자가 존재한다면 그것들은 운동을 할 것입니다. 파동역학이나 양자역학의 수학적 형식으로는 이 입자들의 운동을 설명할 수 없습니다. 그러나 입자로서의 전자라는 생각을 버리고 물질파로서의 전자를 받아들이는 순간 모든 것이 달라집니다. 그렇게 되면 원자가 내는 선스펙트럼을 쉽게 설명할 수 있습니다. 선스펙트럼은 발진 장치의 안테나가 특정 진동수의 전자기파만 방출하는 것과 같기 때문에 아무런 모순이 생기지 않습니다.

보어 모순이 사라지는 것이 아니라 다른 곳으로 옮겨 갈 뿐입니다. 당신은 물질파는 있지만 양자도약은 없다고 가정함으로써 문제가 해결된다고 생각하고 있습니다. 플랑크가 해결한 흑체복사의 경우 원자의 에너지가 불연속적으로 변한다는 사실을 확실하게 보여 주고 있습니다. 당신은 이런 양자이론의 모든 기반을 문제시하는 것은 아니겠지요?

슈뢰딩거 내가 이런 문제를 완전히 해결하였다고 주장하는 것은 아닙니다. 그러나 양자역학도 만족할 만한 물리적 해석을 한 것은 아니지 않습니까? 파동역학이 플랑크의 설명을 이끌어 낼 수 있을 거라고 믿으면 안 되는 이유를 알 수 없습니다.

보어 양자도약과 관련된 현상은 이미 많이 발견되어 있습니다. 우리는 신틸레이션 장치에서 갑자기 없던 섬광이 나타나거나 전자가 안개상자를 관통하는 것을 봅니다. 이런 현상들을 없던 것으로 돌릴 수는 없습니다.

슈뢰딩거 끝까지 양자도약을 포기할 수 없다면 나는 나 자신이 양자이론에 관계한 것을 유감으로 생각합니다.

보어 우리는 당신이 파동역학을 제안해 주신 것을 감사하게 생각하고 있습니다. 파동역학의 수학적 명료함과 단순성은 양자역학의 커다란 진보를 뜻하기 때문입니다.

며칠 동안 토론을 계속했지만 합의에 이르지 못했다. 그러는 동안 슈뢰딩거가 고열을 수반하는 감기에 걸렸고 보어의 부인이 그를 간호했다. 두 사람이 합의에 이르지 못한 것은 서로가 자신의 생각을 확신하고 있었기 때문이었지만, 두 사람 모두 상대방을 설득시킬 완전한 원자이론을 가지고 있지 못했기 때문이기도 했다. 이 토론을 계기로 코펜하겐의 물리학자들은 뛰어난 물리학자에게조차 자신의 생각을 설명하는 것이 어렵다는 것을 알게 되었다.

슈뢰딩거가 다녀간 뒤 한동안 보어와 하이젠베르크는 주로 양자역학의 물리학적 해석에 관해 토론했다. 보어는 입자와 파동의 상을 하나로 합칠 때 완전한 원자의 상이 가능할 것이라고 생각하고 그런 방향으로의 정식화를 추구하고 있었다. 보어와 하이젠베르크의 토론은 자정이 넘는 시간까지 계속될 때가 많았다. 이렇게 몇 달이 지났지만 만족스러운 결과에 도달하지는 못했다. 그러자 피곤해진 보어가 1927년 2월에 노르웨이로 스키 휴가를 떠났다.

보어가 여행을 떠난 후 하이젠베르크는 혼자서 양자역학의 문제와 씨름해 보기로 했다. 그는 안개상자에 나타난 전자의 궤도를 수학적으로 나타내는 방법에 대해 연구했다. 안개상자 안에는 분명히 전자의 궤적이 나타났고 그것을 직접 관측할 수 있었다. 그리고 전자의 궤도를 무시하고 원자가 내는 스펙트럼의 세기를 성공적으로 계산할 수 있는 양자역학이 있었다. 이 두 가지 움직일 수 없는 사실을 결합하는 방법을 찾아내야 했다. 어느 날 연구에 몰두하고 있던 하이젠베르크에게, 이론이 사람들이 무엇을 볼 수 있는가를 결정한다고 했던 아인슈타인의 말이 떠올랐다.

애초에 안개상자 안에서 전자의 궤도를 볼 수 있다고 생각한 것이 잘못된 것일지도 모른다는 생각이 들었다. 사람들은 부정확하게 결정된 전자의 자취만을 측정한 것이다. 실제로 관측된 것은 전자가 지나가면서 만들어 낸 물방울이었고, 물방울은 전자보다 훨씬 컸다. 따라서 안개상자 안에 나타난 전자의 궤적을 양자역학으로 설명하기 위해서는 전자의 대략적인 위치와 속도를 아는 것으로 충분했다. 하이젠베르크는 전자의 대략적인 위치와 속력을 동시에 나타내는 방법을 생각하기 시작했다. 그는 수학적 계산을 통해 그런 상태를 나타내는 것이 가능하다는 것을 증명할 수 있었다. 그는 위치의 오차와 운동량 오차의 곱이 플랑크 상수보다 작을 수 없다는 불확정성의 원리를 유도해 냈다.

괴팅겐에서 같이 공부했던 파울 드루데가 전자궤도를 직접 볼 수 있는 현미경의 제작이 가능한가 하는 문제를 다룬 적이 있었다. 그는 파장이 짧은 감마선을 이용하는 현미경을 만들면 가능할 것이라고 했다. 하이젠베르크는 파장이 짧은 감마선을 이용하면 위치의 오차는 줄어들겠지만 전자의 운동을 더 많이 교란시켜 속력의 오차, 즉 운동량의 오차는 더 커질 것임을 증명했다. 하이젠베르크는 자신의 분석 결과를 편지로 파울리에게 알려주었는데, 그도 이에 동의했다. 보어가 휴가에서 돌아온 후 불확정성원리에 대한 토론이 계속되었다. 보어는 여전히 파동과 입자의 이중성을 바탕으로 불확정성원리를 해석하려고 노력했다. 그는 상보성원리를 제안했다. 입자와 파동의 성질은 서로를 배척하기도 하지만 서로를 보완하기도 한다는 것이다. 따라서 두 가지 성질을 모두 고려해야 원자의 행동을 제대로 이해할 수 있을 것이라고 생각했다. 보어는 불확정성원리도 상보성원리의 특수한 경우라고 생각하고 불확정성원리를 만족시키는 몇 가지 조건을 부여하려고 했다. 그러나 코펜하겐에서 일하고 있던 오스카르 클레인의 도움으로 두 가지 해석이 모두 아무런 문제가 없다는 데 합의했다.

물리학자들은 1927년에 두 번의 학술회의에서 이 문제를 가지고 열띤 토론을 벌였다. 한번은 이탈리아의 코모에서 열렸던 물리학회였고, 다른 한번은 브뤼셀에서 열렸던 솔베이 회의였다. 코모에서 열렸던 물리학회에서는 보어가 새로운 양자역학을 전반적으로 설명하는 강의를 했다. 소수의 뛰어난 물리학자들만 참석했던 솔베이 회의에서는 양자역학에 대한 토론이 여러 날 계속되었다. 솔베이 회의에 참석한 사람들은 모두 한 호텔에 머물렀기 때문에 토론이 회의장이 아니라 식당에서 이루질 때가 많았다. 이 토론의 주역은 보어와 아인슈타인이었다.

아인슈타인은 불확정성원리를 받아들이려고 하지 않았다. 그는 매일 아침 불확정성원리로 설명할 수 없는 사고실험을 제안했고, 물리학자들은 하루 종일 이 문제에 관해 토론했다. 이런 토론은 저녁 시간에 보어가, 새로 제안한 사고실험도 불확정성원리를 피해 갈 수 없다는 것을 증명하는 것으로 끝났다. 이런 토론이 계속되자 아인슈타인의 가까운 친구로 네덜란드에 있는 레이던대학의 교수였던 파울 에렌페스트가 아인슈타인에게 "나는 당신에 대하여 부끄러운 생각이 드네. 당신은 마치 상대성이론을 반대했던 사람들이 했던 것과 같이 양자이론에 대해 반대하고 있지 않은가?" 하고 말했다. 솔베이 회의에서 있었던 토론은 참석자들에게 사고의 근거가 되어 왔고, 연구의 기반이 되어 왔던 생각을 바꾸는 것이 얼마나 어려운 일인지를 알게 해 주었다.

아인슈타인은 그 후에도 평생 자신의 생각을 바꾸지 않았다. 그는 양자역학을 잠정적이고 과도적인 이론으로만 받아들였다. '사랑하는 하나님은 주사위 놀이를 하지 않는다'는 아인슈타인의 주장에 보어는 '우리는 하나님에게 세상을 어떻게 다스려야 한다고 지시할 수 없다'라고 응수했다.

7) 자연과학과 종교에 대한 첫 번째 대화 1927

솔베이 회의를 위해 브뤼셀에 머물고 있는 동안 어떤 사람이 문제를 제기했다.

"아인슈타인이 사랑하는 하나님이라는 이야기를 자주 하

는데 과학자가 종교적인 전통에 기대도 되는 걸까요?"

그러자 누군가가 대답했다.

"아인슈타인보다 플랑크기 심할 겁니다. 플랑크는 종교와 자연과학 사이에는 모순이 없으며 서로 잘 조화되고 있다고 말했으니까요."

하이젠베르크가 자신의 생각을 이야기했다.

"플랑크는 종교와 과학이 전혀 다른 영역에 관여하기 때문에 조화를 이룰 수 있다고 생각했을 겁니다. 자연과학은 객관적인 물질세계를 다루지만 종교는 가치의 세계를 다룹니다. 따라서 자연과학에서는 맞느냐 틀리느냐가 문제가 되지만 종교에서는 선이냐 악이냐가 문제 됩니다. 근대과학이 형성된 후 종교와 과학의 대립은 종교에서 이야기하는 상징과 비유를 과학적으로 해석하려고 한 데서 생긴 오해에서 비롯된 것입니다. 종교와 과학은 세상의 주관적인 측면과 객관적인 측면을 다루기 때문에 상호 보완적입니다. 플랑크에게는 세상의 주관적인 면과 객관적인 면이 잘 분리되어 있습니다. 그러나 나는 이러한 분리가 잘 이해되지 않을 때가 있습니다. 지식과 신앙을 언제까지 이렇게 분리할 수 있을지 의문입니다."

파울리도 하이젠베르크의 견해에 동의했다.

"종교와 과학을 분리하는 일이 그렇게 쉽지는 않을 겁니다. 종교가 처음 성립되었을 때는 모든 지식이 종교의 영향 아래 있었습니다. 그러나 새로운 과학 지식이 종교의 교리에 위협이 되고 있어요. 새로운 지식으로 인해 종교적 비유와 상징이 의미를 상실하게 되면 종교를 바탕으로 하는 윤리가 붕괴될 수도 있기 때문이지요. 그런 면에서 종교와 과학의 분리를 통한 조화를 이야기하는 플랑크보다는 자연과학에서도 신의 역할을 인정하는 아인슈타인의 견해가 더 마음에 듭니다. 아인슈타인이 사랑하는 하나님은 절대로 변경할 수 없는 자연법칙과 관련되어 있습니다. 그렇다고 아인슈타인이 종교적 전통에 얽매여 있다거나 인격적인 하나님을 믿고 있다고는 생각하지 않습니다. 그러나 아인슈타인은 종교와 과학을 분리하려고 하지 않으며 중심질서는 주관적인 면과 객관적인 면을 모두 가지고 있다고 생각하고 있습니다. 나는 이것이 더 좋은 출발점이라고 생각합니다. 최근 30년 동안에 자연과학에서 알아낸 지식들로 인해 사고의 폭을 넓힐 수 있었습니다. 양자물리학에서 제기된 상보성원리는 종교나 철학에서는 새로울 것이 없습니다. 그러나 그것이 과학에서 제기되었다는 것은 커다란 변화를 뜻합니다. 사람들은 이제 우리가 측정한 결과가 측정에 영향을 받지 않는 객관적인 실체가 아니라 대상과 관찰이라는 행위의 상호작용이 만들어 낸 결과라는 것을 알게 되었습니다. 이러한 사고방식을 받아들이면 과학도 종교의 여러 가지 형식에 대해 관대해질 수 있을 것입니다."

이야기가 여기까지 진행되었을 때 영국의 폴 디랙이 이 자리에서 종교에 대한 이야기를 하는 이유를 모르겠다고 말했다.

"사람들이 정직하다면 종교에서 하는 주장이 터무니없는 거짓 주장이라는 것을 인정해야 할 겁니다. 신이라는 개념은 인간이 만들어 낸 환상의 산물에 지나지 않습니다. 과학이 발전한 오늘날에도 종교가 무엇을 가르치려고 하는 것은 사람들을 납득시킬 수 있는 어떤 근거를 가지고 있기 때문이 아니라 과학과 멀리 떨어져 있는 민중을 현혹시키려는 목적을 가지고 있기 때문입니다. 종교는 민중에게 제공되는 일종의 아편입니다. 정치와 교회의 동맹이 잘 이루어지는 것도 이 때문입니다. 두 조직 모두 자신들이 시키는 대로 하면 하늘에서 보상받는다는 환상을 심어 주려고 합니다. 따라서 종교는 가장 흉악한 죄악입니다. 내가 어떻게 행동해야 하는가는 이성만 가지고도 충분히 결정할 수 있습니다. 내가 공동체의 일원이라는 것 그리고 공동체 구성원 모두에게 동등한 권리를 부여해야 한다는 것을 인정하면 종교 없이도 내가 어떻게 행동해야 하는지 알 수 있습니다. 내세에서의 심판을 이유로 현재 나의 생각과 행동을 구속하려는 것은 부당합니다. 이는 공정하지 않은 현실을 은폐하는 데 도움이 될 뿐입니다."

그때 듣고만 있던 파울리가 농담을 했다.

"우리들의 친구 디랙이 드디어 종교를 갖게 되었습니다. 그 종교는 '하나님은 없다'는 것을 믿는 종교입니다. 디랙은 이 새로운 종교의 예언자입니다."

이 말로 디랙을 포함한 모두가 크게 웃고 그날의 토론을 끝냈다. 얼마 후 하이젠베르크가 보어에게 이 토론에서 있었던 일들을 이야기하자 보어가 자신의 생각을 이야기했다.

"디랙의 생각은 '사람들이 말할 수 없는 것에 대해서는 침묵을 지켜야 한다'고 했던 비트겐슈타인의 생각과 일맥상통할 겁니다. 디랙이 완벽을 추구하는 사람이라는 것은 그가 논문을 쓰는 태도만 보아도 알 수 있어요. 그의 논문에는 오류를 찾을 수가 없어요. 디랙은 모네의 풍경화를 보고 한구석에 찍힌 작은 점이 없어야 한다고 이야기한 적이 있어요. 그는 예술작품에도 우연적인 것이 있으면 안 된다고 생각하는 사람이에요. 물론 종교에 대해서는 그렇게 이야기하는 것이 가능하지 않아요. 나에게도 인격적인 하나님이 낯선 것은 디랙과 마찬가지예요. 그러나 종교에서 사용하는 언어는 과학에서와 다른 의미로 사용되고 있다는 것을 인정해야 해요. 종교의 언어는 과학의 언어보다 시적인 언어에 가까워요. 과학에서는 객관적인 사실을 다루고 시에서는 주관적인 감정을 중요시하지요. 나는 세상을 주관적인 면과 객관적인 면으로 완전히 나누는 것은 가능하지 않다고 생각해요. 지난 10년 동안 우리는 상대성이론과 양자이론을 통해 주관적이라든가 객관적이라든가 하는 개념이 얼마나 모호한 것인지 알게 되었어요. 측정 결과가 관측자의 운동 상태에 따라 달라진다든지 측정 행위에 따라 달라진다는 것은 완전히 객관적인 사실이 존재할 수 없다는 것을 나타내지요. 물론 상대성이론에서는 내가 측정한 결과를 다른 관측자가 어떻게 측정할지 계산할 수 있다는 면에서 객관적이라고 할 수 있어요. 그럼에도 불구하고 우리는 고전물리학에서의 객관적인 서술이라는 개념으로부터 한 발짝 물러났어요. 앞으로도 객관적 사실과 주관적 사실을 구별하려는 노력은 필요하다고 생각해요. 그러나 그 경계는 그렇게 확실하지 않아 어느 정도까지는 임의로 선택할 수 있을 거예요."

하이젠베르크는 새로운 문제를 제기했다.

"양자역학에서 사건이 완전히 결정될 수 없다는 사실로 인해 자연현상에도 신이 간섭할 여지가 생겼다는 주장에 대해서는 어떻게 생각하십니까?"

"그것은 오해에서 비롯된 거라고 생각해요. 자연법칙이 사건을 완전하게 결정할 수 있느냐 아니면 통계적으로밖에는 결정할 수 없느냐 하는 것은 신의 의지와는 아무런 관계가 없어요. 생물학에서는 인과론적 설명보다는 목적론적 설명을 하는 경우가 많아요. 두 가지 설명 방법은 서로 배타적이기는 해도 모순되는 것은 아니에요. 우리에게 원자물리학은 모든 것을 지금까지보다 더 세밀하게 생각하지 않으면 안 된다는 것을 가르쳐 주고 있어요." 그날의 대화는 보어가 즐겨 인용하는 이야기로 끝맺었다.

"말굽자석이 행운을 가져온다고 하면서 집 앞에 말굽자석을 박고 있는 사람에게 누군가가 말굽자석이 정말 행운을 가져 온다고 믿느냐고 묻자 그는 다른 사람들도 믿지 않으면서 그렇게 하지 않느냐고 대답했다고 해요."

8) 원자물리학과 실용주의적 사고방식 1929

1927년에 있었던 제5차 솔베이 회의 이후 5년 동안은 양자역학의 황금시대였다. 사람들은 이제 원자보다 작은 세상의 일들을 양자역학으로 완전히 이해할 수 있게 되었다. 따라서 양자역학을 더욱 발전시키면 더 넓고 풍요한 결과를 이끌어 낼 수 있을 것이라고 믿게 되었다. 하이젠베르크는 1927년 늦은 가을에 취리히대학과 라이프치히대학으로부터 교수직을 제안받고 여러 가지 조건들을 검토한 끝에 양자역학을 강의하기 위해 1년 동안 미국에 다녀온 후에 부임하는 조건으로 라이프치히대학의 교수직을 수락했다. 하이젠베르크가 미국에 도착한 것은 1929년 2월이었다. 미국에서는 양자역학에 대한 관심이 대단했다. 하이젠베르크는 강연을 하기 위해 미국의 여러 대학을 방문했다. 따라서 미국을 여러 각도에서 자세히 살펴볼 수 있었고, 많은 사람들과 만나 대화를 나눌 수 있었다.

하이젠베르크는 자신이 만나 이야기를 나눈 사람 중에 시카고대학의 젊은 실험물리학자 바튼 호그를 가장 잘 기억하고 있었다. 하이젠베르크의 테니스 파트너이기도 했던 호그는 하이젠베르크를 한적한 바다 낚시터로 며칠 동안 초대했다. 이곳에서 하이젠베르크와 호그는 미국 과학자들의 실용적인 태도에 대해 이야기했다. 유럽에서는 새로운 양자역학의 비직관적인 특징들, 입지와 파동의 이중성, 자연법칙들의 순수한 통계적 성격과 같은 것들이 토론의 대상이 되고, 때로는 격렬한 저항에 직면하는 경우도 있는 데 반해 미국의 물리학자들은 양자역학을 아무런 저항 없이 받아들였다. 하이젠베르크는 호그에게 이런 차이가 어디에서 비롯된 것인지를 물었다. 그러자 호그가 자신의 생각을 이야기했다.

"유럽 사람들, 그중에서도 독일 사람들은 인식의 문제를 지나치게 생각하는 것 같습니다. 우리는 간단하게 생각하는 데 익숙해져 있습니다. 고전역학이나 전자기학으로 원자 현상을 충분히 설명할 수 없게 되자 새롭게 찾아낸 것이 양자역학입니다. 양자역학은 원자에서 일어나는 일들을 잘 설명합니다. 그렇다면 그것을 받아들이면 됩니다. 물리학자도 근본적으로는, 한 가지 도구로 일을 하다가 안 되면 도구를 바꾸는 건축작업자와 비슷합니다. 자연법칙이나 이론도 하나의 도구일 뿐입니다. 유럽에서는 자연법칙을 절대시하는 오류를 범하고 있는 것 같습니다. 따라서 당신들은 법칙을 수정하거나 바꿔야 할 때가 오면 놀라서 왜 그래야 하는지를 따지려고 합니다. 하지만 미국에서 자연법칙이란 자연을 들여다보게 하는 실용적인 처방에 불과합니다."

하이젠베르크는 의견을 제시했다.

"그래서 당신들은 전자가 어떤 때는 입자로, 또 어떤 때는 파동으로 나타나는 것에 대해 전혀 놀라지 않는군요. 그것을 단순히 물리학의 확장이라고 생각하는군요."

"그렇지는 않습니다. 나도 그와 같은 현상에는 놀라고 있습니다. 때로는 파동으로 때로는 입자로 보이는 현상이 있다면 사람들은 분명히 새로운 개념을 만들어 내야 할 것입니다.

아마 사람들은 그런 것을 파동자라고 부르고 양자역학은 파동자의 행동을 기술하는 수학적 표현이 되어야 할 겁니다."

"그것은 너무 단순한 생각입니다. 입자와 파동의 이중성은 전자만의 성질이 아니라 모든 자연물에 내재되어 있는 성질입니다. 전자나 광자는 물론 벤젠 분자나 돌멩이도 입자와 파동의 이중성을 가지고 있습니다. 다만 원자의 세계에서 양자역학적 특징이 일상 경험의 영역에서보다 더 뚜렷하게 나타날 뿐입니다."

"그래도 좋습니다. 당신들은 뉴턴과 맥스웰의 방정식을 약간 수정했습니다. 그러한 수정이 원자 현상에서는 뚜렷하게 보이는 반면 일상 경험에서는 거의 나타나지 않습니다. 우리가 아직도 잘 알지 못하고 있는 다른 현상들을 올바르게 기술하기 위해서는 양자역학이 장래에 더 개선 되어야 함이 틀림없습니다."

하이젠베르크는 호그의 주장을 좀 더 정확한 표현으로 바꾸어 주려고 했다.

"나는 뉴턴역학은 개선의 여지가 없다고 생각합니다. 어떤 현상을 위치, 속도, 가속도, 질량 그리고 힘과 같은 뉴턴의 물리학적 개념으로 기술하고 있는 동안에는 뉴턴역학은 완전한 것이며, 그것은 오랜 시간이 지나도 마찬가지일 것입니다. 뉴턴역학은 뉴턴이 관찰한 현상을 기술하는 데 아무런 문제가 없었습니다. 그러나 우리는 원자 안에서 뉴턴이 보지 못했던 현상들과 마주쳤습니다. 양자역학은 뉴턴역학을 수정한 것이 아니라 뉴턴이 보지 못했던 현상을 완전히 다른 언어로 다룬 이론입니다."

호그가 고개를 저으면서 말했다.

"저는 도무지 이해할 수가 없군요. 그렇다면 상대성이론이 뉴턴역학의 개선이 아니란 말입니까? 그리고 상대성이론은 불확정성과 아무런 관계가 없다는 말입니까?"

"말씀대로 상대성원리는 불확정성과 아무런 관련이 없습니다. 그러나 아주 빠른 속력으로 달리는 물체와 관련된 현상을 정확하게 측정하려고 하면 뉴턴역학의 개념들이 우리 경험에 들어맞지 않는다는 사실을 알게 될 것입니다. 따라서 우리는 상대성이론을 받아들이지 않으면 안 됩니다."

"그렇다면 선생님은 어째서 상대성이론을 뉴턴역학의 개선으로 보는 데 그렇게 저항감을 느낍니까?"

"한 가지 오해를 막기 위해 개선이라는 말을 피하고 싶었을 뿐입니다. 뉴턴역학에서 상대성이론이나 원자이론으로의 이행에서 나타나는 변화는 엔지니어들이 하는 개선과는 전혀 다릅니다. 뉴턴역학은 이미 자기 완결성을 가지고 있어서 개선의 여지가 없습니다. 그러나 새로운 개념 체계로의 전환은 가능합니다. 상대성이론은 뉴턴역학의 개선이 아니라 새로운 개념 체계로의 전환이라고 말씀드리는 것입니다."

"뉴턴역학이 자기 완결성을 가지고 있다고 하셨는데 자기 완결성이란 무엇을 뜻하는지요? 그리고 오늘날의 물리학은 어떤 종류의 자기 완결성을 가지고 있는지요?"

"자기 완결성에 대한 가장 중요한 기준은 자체모순이 없는 논리 체계여야 한다는 것입니다. 이런 기준에 의하면 물리학에는 네 가지 자기 완결 영역이 있습니다. 뉴턴역학, 열의 통계적 이론, 맥스웰의 전자기학을 포함한 상대성이론 그리고 양자역학입니다. 이 영역들은 모두 자연을 설명할 수 있는 정식화된 체계를 가지고 있습니다."

"당신은 한 영역에서 다른 영역으로의 이행이 연속적이 아니라 불연속적으로 일어난다는 사실을 왜 그렇게 중요하게 생각합니까? 새로운 개념이 도입되었고, 새로운 영역에서의 문제 제기는 지금까지와는 다르게 보이는 것도 사실입니다. 그러나 그것이 왜 그렇게 중요한 겁니까? 결국 과학의 발전이란 더 넓은 자연의 영역을 이해해 가는 것 아닙니까? 그런 발전이 연속적으로 일어나든 불연속적으로 일어나든 저에게는 그다지 중요해 보이지 않습니다."

"그것은 결코 사소한 일이 아닙니다. 엔지니어들이 말하는 연속적인 진보는 과학의 엄정성을 빼앗고 말 것입니다. 이런 실용주의적 입장에서 과학을 한다고 하면 실험을 통해 보다 잘 접근할 수 있는 영역을 택해 측정된 현상들을 공식을 이용해 설명하면 됩니다. 공식이 측정 결과를 충분히 설명할 수 없으면 일부를 수정해 좀 더 정확하게 만들면 될 겁니다. 그렇게 되면 커다란 연관성 같은 것에는 신경 쓸 필요가 없을 겁니다. 뉴턴역학을 프톨레마이오스의 천문학보다 뛰어나게 만든 것이 그런 연관성인데도 말입니다."

호그는 더 이상 말을 하지 않았다. 그에게는 하이젠베르크의 사고방식이 여전히 낯설게 느껴지는 것 같았다. 그러나 호수에는 더 즐거운 일들이 많았다. 하이젠베르크와 호그는 이

틀 동안이나 낚시를 하면서 시간을 보냈다. 미국 여행이 끝날 무렵 하이젠베르크와 디랙은 태평양을 건너 일본으로 갔다가 중국과 인도를 거쳐 유럽으로 돌아가기로 했다. 샌프란시스코에서 하와이를 거쳐 요코하마에 이르는 긴 바다 여행 동안 두 사람은 많은 대화를 나눌 수 있었다.

새로운 원자물리학의 비직관적 특징을 별로 신경 쓰지 않고 받아들이는 미국 물리학자들의 태도에 디랙은 별로 관심을 가지지 않았다. 디랙 역시 과학 발전은 어느 정도 연속적이라고 생각하고 있는 것 같았다. 실용주의적 사고방식에서 출발한다면 과학의 발전은 끊임없이 확대되는 경험 사실에 우리를 적응시키는 과정이 될 것이다. 이런 과정을 통해 결국은 단순한 자연법칙에 도달하게 된다는 데 대해서는 하이젠베르크와 디랙의 생각이 같았다. 그러나 디랙은 위대한 연관성보다는 앞에 놓인 문제를 해결하는 데 더 관심이 많았다.

디랙에게는 바로 앞에 있는 3미터의 암벽이 해결해야 할 문제였다. 그러나 하이젠베르크는 전체적인 등반 경로를 알아야 한다고 생각했다. 전체 등반 경로에 대한 설명이 그가 이야기하는 위대한 연관성이었다. 그는 자연과학에서는 그

연관성이 궁극적으로 매우 단순하다고 확신하고 있었다. 자연은 이해가 가능하도록 만들어져 있다는 것이 하이젠베르크의 생각이었다.

9) 생물학, 물리학, 화학의 관계에 대하여 1930-1932

미국에서 일본을 거쳐 귀국한 하이젠베르크는 라이프치히 대학에서 강의를 하면서 시간이 나는 대로 코펜하겐으로 가서 보어를 비롯한 젊은 물리학자들과의 토론에 참여하곤 했다. 코펜하겐에서는 보어의 이론물리학 연구소가 아니라 티스빌데에 있는 보어의 별장이나 코펜하겐 항구에 정박해 있는 배에서 토론이 이루어졌다. 하이젠베르크는 코펜하겐에서 있었던 토론 중에는 한스 크라머스와 오스카르 클레인이 함께 했던 토론을 가장 잘 기억하고 있었다. 먼저 이야기를 시작한 사람은 클레인이었다.

"누구보다도 통계열역학이론을 잘 알고 있고, 플랑크의 흑체복사 문제를 통계역학적으로 훌륭하게 설명해 낸 아인슈타인이 원자물리학의 확률적 성격을 받아들이지 않는다는 것은 이해할 수 없어요."

하이젠베르크가 대답했다.

"아인슈타인도 분자들의 운동을 통계적으로 다루는 것을 반대하지는 않았어요. 그러나 양자역학에서는 측정해야 할 대상을 교란하지 않고는 측정할 수 없으며, 따라서 측정 결과에 불확정성이 도입됩니다. 아인슈타인이 만족하지 못하는 것은 이 때문일 겁니다. 양자역학이 대상을 완전히 파악하는 것이 불가능하다고 해석하는 게 불만스럽겠지요. 따라서 앞으로 새로운 변수가 발견되어야 하며, 이 변수의 도움으로 대상을 객관적으로 그리고 완전히 설명할 수 있을 것이라고 주장하고 있는 겁니다."

보어가 하이젠베르크의 생각에 반대했다.

"통계열역학과 원자이론 사이에는 차이가 존재하지만 그 의미를 지나치게 과장하고 있는 것 같아요. 그리고 측정이 대상을 교란한다는 표현 역시 오해의 소지가 있어요. 어떤 특정 실험 장치를 이용하여 특정 측정 결과를 얻었다면 대상에 대해서는 이야기할 수 있지만 교란에 대해서는 이야기할 수 없을 겁니다. 이전 물리학에서처럼 측정 결과를 간단하게 관계

지을 수는 없는 것은 측정에 교란이 개입하기 때문이 아니라 측정 결과의 객관화가 불가능하기 때문이에요. 여러 가지 측정은 서로 상보적이에요. 따라서 측정 결과들을 같은 선상에서 비교하는 것이 가능하지 않아요. 예를 들어 온도를 측정하는 행위는 모든 입자들의 위치와 속도를 측정하는 것과 상보적인 관계에 있어요. 온도를 측정한 결과가 분자의 위치나 속도에 대한 측정 결과와 일치하지 않는 것은 이 때문이에요."

"그렇다고 온도가 객관적인 특성이 아님을 뜻하는 것은 아니지 않습니까? 우리는 온도가 객관적인 사실이라고 생각하는 데 익숙해 있습니다."

"그렇지 않아요. 온도계는 측정이 요구하는 정확도로 분자들의 평균 열운동에너지를 측정해요. 객관적이라거나 주관적이라는 개념은 많은 문제를 가지고 있다는 것을 알아야 합니다."

크라머스는 온도계에 대한 보어의 이런 설명에 만족하지 못하는 것 같았다.

"선생님은 온도와 에너지 사이에 일종의 불확정성 관계가 있다고 주장하시는 것 같은데 고전물리학에서는 어떻게 말할

까요?"

"온도가 70도인 물을 생각해 봅시다. 물 분자 하나의 온도도 물 전체의 온도와 같아야 하므로 70도여야 합니다. 그러나 물 분자들은 다른 분자와 계속 에너지를 주고받고 있어서 물 분자 하나의 에너지는 계속 변하고 있어요. 따라서 물 분자 하나의 에너지를 측정해서는 물의 온도를 정확하게 알 수 없어요. 다시 말해 온도를 측정한 것으로는 물 분자의 에너지 분포를 알 수 있을 뿐이고, 개개 물 분자들의 에너지를 측정하면 물의 온도 분포를 알 수 있을 뿐이에요."

"우리가 강의할 때는 온도와 에너지를 동시에 측정할 수 있다고 가르칠 뿐 이들 사이에 있는 상보성이나 불확정성에 대해서는 이야기하지 않습니다. 이 사실은 선생님의 견해와 어떻게 연결될 수 있습니까?"

"측정 대상이 큰 경우에는 온도와 에너지를 동시에 측정한다고 해도 문제가 되지 않아요. 그러나 측정 대상이 작은 경우에는 이것이 문제가 될 수 있어요."

보어는 상보성이 생물학적 현상과 물리학적 현상을 구분하는 데도 무척 중요하다고 했다. 이에 대한 토론은 요트 여행 도중에 더 진지하게 진행되었다. 요트의 주인이자 선장인 코펜하겐대학의 비에룸, 보어, 하이젠베르크, 외과 의사인 시에비츠 그리고 하이젠베르크가 이름을 기억하지 못하는 두 명을 포함해 6명이 요트를 타고 코펜하겐을 떠나 퓐섬에 있는 스벤보르로 항해했다. 항해 도중에 폭풍을 만나 어려운 고비를 넘긴 다음 그들은 조용한 밤바다를 달리면서 이야기를 시작했다. 외과의사인 시에비츠가 물었다.

"우리 배가 고래와 충돌한다면 우리 배도 고래도 구멍이 뚫리겠지요? 고래에 난 구멍은 곧 치료되겠지만 우리 배는 망가진 채로 남아 있을 것입니다. 이것이 살아 있는 생명체와 생명이 없는 물질과의 차이가 아닐까요?"

어둠 속에서 대답한 사람은 보어였다.

"살아 있는 생명체와 생명이 없는 물질의 차이는 그렇게 간단하지 않습니다. 고래는 상처를 다시 원래의 상태로 돌리는 복원력을 가지고 있습니다. 그런 능력은 유전정보 안에 저장되어 있을 것입니다. 배는 인간과 밀접한 관계를 가지고 있습니다. 배는 이런 관계를 이용하여 상처를 치유합니다. 이 경우에는 인간의 의지가 개입된다는 차이점이 있기는 하지만요."

보어는 생명체가 가지고 있는 상보적 특성에 대해서도 이야기했다.

"우리는 경험을 통해 형성된 생명체라는 개념을 가지고 '살아 있는', '신진대사', '치유 능력'과 같은 이야기를 합니다. 그러나 한편에서는 물리화학적 반응을 이용해 생명체에서 이루어지는 일들을 설명하기도 합니다. 우리는 양자이론의 법칙들이 생명체 안에서도 유효하다는 생각을 바탕으로 많은 연구 성과를 올렸습니다. 그러나 이 두 가지 관찰 방식은 서로 상보적 관계에 있다고 할 수 있습니다. 생명체에 관해서 제기할 수 있는 문제는 두 관찰 방식 중에서 어느 것이 옳으냐가 아니라 이 두 가지 관찰 방식이 조화되도록 자연이 어떻게 작용하느냐 하는 것입니다."

"그렇다면 선생님께서는 양자역학을 통해 알게 된 상호작용 외에 생명력과 같은 그 무엇이 존재한다고 생각하시나요?

"그렇습니다. 이론적으로는 세포를 구성하고 있는 모든 원자의 물리화학적 상태를 알 수 있어요. 그러나 그렇게 하면 하나의 개체로서의 생명체는 파악할 수 없게 돼요. 우리는 죽은 세포의 원자 배열만 알게 되는 것입니다. 세포가 살아 있는 상태에서는 제한적인 관찰만 가능할 것입니다. 따라서 생명현상을 제대로 이해하려면 원자와 분자로 구성되어 있는 물질로서의 생명체와 살아 있는 개체로서의 생명체를 모두 이해해야 합니다. 생명력이 무엇을 뜻하는지는 분명하지 않지만 그것은 개체로서의 생명체와 관련이 있는 거겠지요."

하이젠베르크가 또 다른 문제를 제기했다.

"상보성이 생명체에도 적용될 수 있다는 것은 재미있는 일입니다. 오늘날 양자역학은 화학과 물리학을 하나로 통합했습니다. 미래에는 생물학도 물리학이나 화학과 통합될는지 모릅니다. 물리학과 화학, 생물학을 통일한 자연법칙이 양자역학에 생물학의 법칙들을 접목시킨 형태가 될까요? 아니면 커다란 자연법칙의 특수한 조건에서의 극한이 양자역학이 될까요? 첫 번째 형태의 자연법칙인 경우 생명체는 양자역학의 테두리 안에서 수십억 년의 시간 동안에 시행착오를 거쳐 형성된 존재가 될 겁니다. 두 번째 경우에는 우리가 알고 있는 양자역학만 가지고는 세상을 지배하는 자연법칙에 대해 아무런 이야기도 할 수 없습니다. 이런 자연법칙에는 생명체의 탄생과 진화를 가능하게 하는 원리가 포함되어 있겠지만 그것이 어떤 것인지 알 수 없습니다. 선생님은 이에 대해 어떻게 생각하십니까?"

"우리가 그런 가능성을 이야기할 수 있는 단계까지 와 있는지 모르겠군요. 현 단계에서는 생물학에서 물리화학적 설명이 어떤 의미를 가지고 있는지 알아보는 것이 더 중요할 것입니다. 그러나 이에 대해서는 앞에서 이야기한 상보적 관찰 상황에 대한 이야기로 충분하다고 봅니다."

하이젠베르크가 자신의 생각을 이야기했다.

"돌연변이와 자연선택만으로는 지구상에 존재하는 다양한 생명체를 설명하기에 충분하지 않다고 생각하는 사람들이 있습니다. 자연선택의 과정을 통해서 환경에 더 잘 적응하는 생명체가 생겼다는 것을 받아들인다고 해도 사람의 눈과 같이 복잡한 기관들이 그런 우연적인 변화를 통해서 만들어졌다는 것을 믿기란 쉽지 않습니다. 생물학자들 사이에서도 자연선택만으로 복잡한 생명체가 형성되는 과정을 설명할 수 있는가 하는 문제에 대해 통일된 견해가 없는 것으로 알고 있습니다."

보어는 생명체의 진화를 이야기하기 위해서는 우선 시간을 생각해야 한다고 말했다.

"그것은 시간 스케일에 관한 문제라고 생각해요. 오늘날 진화론은 두 가지 주장을 하고 있어요. 하나는 유전 과정에서 조금씩 다른 개체들이 만들어지고, 그중 환경에 적응하는 개체들만이 살아남는다는 거예요. 다른 하나는 새로운 개체들이 유전자 구조의 우연적인 교란으로 만들어진다는 것이에요. 충분히 긴 시간이 주어지면 우연적 교란이 어떤 것도 만들어 낼 수 있을 겁니다. 그러나 지구의 역사는 기껏해야 수십억 년밖에 안 됩니다. 이 시간이 우연적 교란을 통해 복잡한 생명체를 만들어 내는 데 충분한지를 결정하기에는 우리가 생명체에 대해 아는 것이 너무 적습니다. 따라서 당분간은 이 문제를 그대로 두는 수밖에 없을 겁니다."

하이젠베르크는 생명체가 가지고 있는 의식을 화제에 올렸다.

"생명체에 대한 이야기를 할 때는 의식에 대한 이야기를 빼놓을 수 없습니다. 물리학과 화학으로는 의식에 관해서 아무런 설명도 할 수 없습니다. 생명체까지 포함하는 자연법칙이 만들어진다면 거기에는 의식을 위한 자리도 있어야 할 겁니다. 의식도 실제 존재하는 것이 확실하니까요."

"우리는 과학적 분석을 통해서가 아니라 경험을 통해서 의식이 존재한다는 것을 알고 있어요. 의식은 자연의 일부분이며 실재의 한 부분이에요. 그러나 의식을 이해하기 위해서는 양자역학에 포함되어 있는 물리학과 화학의 법칙들과는 다른 종류의 규칙성을 찾아내야 하겠지요."

생명체에 관한 토론은 배가 목적지에 도착하고서야 끝났다. 도중에 만난 풍랑으로 지쳐 있던 일행은 모두 깊은 잠에 떨어졌다.

10) 양자역학과 칸트철학 1930-1932

하이젠베르크를 중심으로 하는 라이프치히 서클은 빠른 속도로 확대되어 여러 나라에서 뛰어난 젊은이들이 양자역학의 발전에 참여하거나 양자역학을 물질 구조에 응용하는 연구를 하기 위해 라이프치히로 왔다. 라이프치히 서클에서는, 자연과학 분야는 물론 철학과 종교에 이르는 다양한 주제를 가지고 열띤 토론을 벌였다. 토론에 참여하는 젊은이들 중에는 이제 막 18살이 된 프리드리히 폰 바이츠제커도 있었다. 후에 태양에서 이루어지고 있는 핵융합반응과 태양계 형성에 관한 연구를 했으며, 제2차 세계대전이 끝난 후 독일 과학의 재건을 위해 하이젠베르크와 함께 활동한 바이츠제커는 특히 철학적 주제에 관심이 많았다. 하이젠베르크의 라이프치히 서클은 여성 철학자 그레테 헤르만과 함께 칸트철학과 원자물리학에 대해 진지하게 토론할 기회를 가졌다.

양자역학의 확률적 해석이 틀렸다고 굳게 믿고 있던 헤르만은 원자물리학자들과 철학적 토론을 하기 위해 라이프치히를 방문했다. 칸트의 생각을 이어받은 철학자 중에서도 철학적인 고찰을 할 때도 수학에서 요구하는 정도의 엄밀성이 필요하다고 주장하는 넬슨학파에 속해 있던 헤르만은 칸트가 주장한 인과율에 예외가 있을 수 없다고 확신하고 있는 사람이었다. 헤르만은 양자역학에서 확률을 도입해 설명하는 것은 인과율에 어긋난다고 생각했다. 하이젠베르크와 바이츠제커 그리고 헤르만 사이의 토론에서 먼저 입을 연 사람은 헤르만이었다.

"칸트철학에서 인과율은 경험에 의해 실증되거나 반증될 수 있는 것이 아니라 모든 경험을 위한 전제입니다. 인과율은 칸트가 선험적이라고 부른 사고 범주에 속하는 것입니다. 우리가 세상을 파악하는 감각인상은 인과율의 법칙이 없으면 만들어질 수 없습니다. 따라서 사람들이 어떤 것을 경험했다고 이야기하기 위해서는 먼저 원인과 결과를 연결하는 인과율을 전제로 해야 합니다. 특히 객관적 경험을 다루는 자연과학은 인과율을 바탕으로 해야만 성립될 수 있습니다. 인과율은 사고의 도구입니다. 양자역학이 인과율의 테두리를 벗어나서도 자연과학이라고 주장하는 것은 어불성설입니다."

하이젠베르크는 우선 통계물리학에서의 인과율이 가지는 의미에 대해 설명했다.

"말씀하신 내용은 충분히 이해합니다. 그러나 원자 세계에서는 우리가 살아가는 세상에서와는 다른 일들이 일어납니다. 우리가 A라는 동위원소를 가지고 실험을 한다고 가정해 보겠습니다. 우리는 A라는 동위원소가 평균적으로 30분 안에 전자 하나를 방출하고 B라는 동위원소로 붕괴한다는 것을 알고 있습니다. 그러나 모든 원자가 30분 안에 붕괴되는 것은 아닙니다. A의 원자 중에는 1초도 안 되어 붕괴하는 것도 있고, 하루가 지난 후에야 붕괴하는 원자도 있습니다. 여기서 평균이라는 말은, 많은 A 동위원소로 실험을 했을 때 절반이 붕괴하는 데 30분이 걸린다는 것을 뜻합니다. 우리는 이 과정에서는 인과율이 성립하지 않는 것을 볼 수 있습니다. 한 원자가 어느 순간 붕괴할 것인지는 전혀 인과율을 따르지 않습니다. 원자가 방사선을 내고 다른 원자로 붕괴되는 과정은 인과율이 아닌 확률을 통해서만 설명할 수 있습니다."

그러나 헤르만은 조금도 물러서려고 하지 않았다.

"나는 바로 거기에 원자물리학의 오류가 있다고 생각합니다. 어떤 결과의 원인을 찾아내지 못했다는 사실만 가지고 원인이 존재하지 않는다고 말할 수는 없습니다. 양자역학은 원인을 찾을 때까지 아직도 더 많은 연구를 해야 할 겁니다. 전자를 방출하기 전의 A 동위원소에 대해 현재 물리학자들이 알고 있는 지식은 불완전한 것임이 틀림없습니다."

하이젠베르크도 물러서지 않았다.

"아닙니다. 우리는 A 동위원소에 대해 이미 완전한 지식을 가지고 있습니다. A 동위원소를 이용한 수많은 실험에서 우리가 현재 알고 있는 것으로 설명하지 못하는 현상이 나타나지 않았습니다. 우리는 A 동위원소의 원자 하나가 언제 전자를 방출하는지를 결정할 수 없다는 것을 알아냈습니다. 그러나 당신은 전자가 방출되는 시간을 결정하는 원인을 찾아내야 한다고 말하고 있습니다. 우리는 원자 하나가 언제 붕괴할지 모른다는 지식이 불완전하다고 생각하지 않습니다."

헤르만은 한숨을 내쉬었다.

"당신은 한편으로는 A 동위원소에 대한 지식으로는 원자 하나가 언제 붕괴될는지 모른다고 하면서, 동시에 당신들의 지식은 완전한 것이라고 말하고 있습니다. 지식이 불완전하면서 동시에 완전할 수 있습니까?"

이때 바이츠제커가 논쟁에 끼어들었다.

"이런 논쟁을 하게 된 것은 우리가 원자 자체에 대하여 이야기할 수 있는 것처럼 생각하고 있기 때문입니다. 그런 생각은 확실한 것도 아니고 옳은 것도 아닙니다. 칸트는 우리가 물자체Ding an sich에 대해서는 아무것도 언명할 수 없고, 우리가 알 수 있는 것은 지각과 우리가 선험적으로 가지고 있는 형식을 통해 만들어진 표상뿐이라고 했습니다. 칸트는 고전물리학의 기초를 이루는 경험 구조 안에서 성립하는 인과율을 선천적인 것으로 전제했습니다. 이런 견해에 따르면 세상은 시간에 따라 변화하는 공간 안에서 일정한 규칙에 따라 차례차례 일어나는 사건들로 구성되어 있습니다. 그러나 양자역학에서의 지각은 대상의 고유한 성질이 아니라 대상과 관찰 행위 사이의 상호작용의 결과입니다. 따라서 A 동위원소의 원자 자체에 대해서는 아무것도 말할 수 없고, A 동위원소의 붕괴 과정을 측정한 결과에 대해서만 이야기할 수 있을 뿐입니다."

이야기가 여기에 이르자 참지 못하고 헤르만이 바이츠제커의 말을 가로챘다.

"당신이 이야기하는 물자체는 칸트철학에서 이야기하는 물자체와 같지 않습니다. 당신은 물자체와 물리학적 대상을 구별해야 합니다. 칸트에 의하면 물자체는 표상 안에 간접적으로라도 나타나지 않습니다. 그 까닭은 우리의 지식이 경험에 의지하고 있기 때문입니다. 그러나 당신이 이야기하는 동위원소는 이미 칸트가 객체라고 부른 것입니다. 객체는 표상의 일부입니다. 의자나 책상 그리고 별과 같이 말입니다."

"원자와 같이 사람이 전혀 볼 수 없는 경우에도 그렇게 이야기할 수 있을까요?"

"물론입니다. 원자에 관한 지식은 모두 표상으로부터 추론된 것이기 때문입니다. 표상으로 이루어진 세상은 서로 연결되어 있는 조직이어서 직접 본 것과 추론한 것을 구분하는 것이 가능하지도, 필요하지도 않습니다. 자연과학이 객관적이라고 하는 것은 지각에 대해서가 아니라 객체에 대하여 말하기 때문입니다."

"우리는 원자를 본 적도 없고, 원자의 실체도 모르기 때문에 원자에 대한 지각도 그에 따른 현상도 없습니다."

"원자는 객체입니다, 객체가 없이는 객관적인 과학이 존재할 수 없습니다."

그러나 바이츠제커도 양보할 생각이 없었다.

"양자이론에서는 칸트가 미처 생각하지 못했던 지각을 객관화하는 새로운 방법이 문제가 됩니다. 경험이 지각으로부터 나타난 결과라면 양자물리학에서는 심각한 문제가 발생합니다. 예를 들어 원자의 위치를 알아보는 실험을 통해 원자의 위치를 결정했다면 그 실험을 통해 알게 된 지식은 그 실험 조건에서는 완전한 지식입니다. 그러나 원자가 방출한 전자의 속도를 알아보는 실험을 했을 때는 위치에 대한 지식이 더 이상 완전한 지식이 될 수 없습니다. 두 가지 실험이, 보어가 이야기한 상보적 관계에 있다면 한 관찰 상황에서는 완전한 지식이 다른 관찰 상황에서는 불완전한 지식이 됩니다."

"당신은 경험에 대한 칸트의 분석을 전적으로 부정하려고 하는 겁니까?"

"아닙니다. 그것은 가능한 일이 아닙니다. 칸트는 경험이 얻어지는 과정을 정확하게 분석했고, 그런 분석은 옳은 것이었습니다. 그러나 직관 형식과 인과성을 절대적인 것으로 설정하고 모든 물리이론에도 똑같이 적용되어야 한다고 했던 것은 위험한 생각이었습니다. 물리학자들이 하는 실험은 언제나 고전물리학의 언어로 서술되어야 합니다. 그런 의미에서는 상대성이론이나 원자물리학도 칸트의 영향력 아래 있습니다."

"하지만 나는 아직 출발점에서 내가 제시한 물음의 답을 충분히 얻지 못했습니다. 원자가 전자를 방출하는 원인을 아직 충분히 찾지 못한 상태에서 계속 원인을 찾는 작업을 하면 왜 안 되는지 알고 싶습니다. 당신들은 그것을 찾는 일은 헛된 수고에 그친다고 말하고 있습니다. 당신들은, 그렇게 이야기하는 근거를 상보성이나 불확정성에서 찾으려고 하고 있는데 제가 보기에는 불확정성은 참으로 주관적인 것으로 보입니다."

이번에는 바이츠제커 대신 하이젠베르크가 나섰다.

"원자 현상으로부터 법칙성을 추론하려면 시간과 공간 안에서 객관적인 사건들을 연결시켜야 하는데 그것은 가능하지 않습니다. 우리는 오직 관찰 상황이라는 것과 마주치게 됩니다. 관찰 상황을 나타내기 위해 사용하는 기호들은 하나의 가능성만을 나타내는 것이 아니라 가능성과 사실 사이의 중간적인 상태도 나타내고 있습니다. 다시 말해 원자는 더 이상 사물도 아니고 대상도 아니라는 것을 칸트는 짐작도 할 수 없었던 것입니다."

"그렇다면 원자란 도대체 무엇입니까?"

"그것은 언어로 표현할 수 없습니다. 언어는 우리 일상 경험을 통해 형성된 것이지만, 원자는 일상 경험의 대상이 아니기 때문입니다. 원자는 물리적 분석에서 아주 유용하게 사용되는 현상의 구성요소라고 할 수 있습니다."

바이츠제커가 하이젠베르크의 말을 이어받았다.

"우리가 경험을 설명하는 데 사용하고 있는 개념들은 한정된 적용 범위를 가지고 있습니다. 따라서 개념을 사용할 때는 전제를 조심스럽게 분석해야 합니다. 그와 같은 전제들로부터는 절대적인 주장을 이끌어 낼 수 없습니다."

칸트철학으로 원자물리학자들의 주장을 철저하게 논파하거나, 아니면 칸트가 어디에서 오류를 범했는지를 확인하고 싶었던 헤르만에게는 이런 상황 전개가 불만스러웠을 것이다.

헤르만이 다시 물었다.

"당신들의 주장에 따른다면 확고한 인식의 밑바탕은 존재할 수 없다는 겁니까?"

바이츠제커가 대답했다.

"칸트는 당시 자연과학의 인식 체계를 정확하게 분석했지만 현재 양자역학은 새로운 인식론적 상황에 직면해 있습니다. 아르키메데스의 지레의 법칙은 당시의 기술적 측면에서는 완전한 자연법칙이었습니다. 그러나 전자 기술 시대에는 더 이상 완전한 것이 아닙니다. 인류는 지레의 개념만 가지고는 충분하지 않은 기술 영역에 들어와 있습니다. 그렇다고 지레의 법칙이 상대적이라는 것은 아닙니다. 지레의 법칙이 역사의 발전 과정에서 더 포괄적인 기술 체계의 일부가 되었을 뿐입니다. 칸트의 인식 분석이 불확실한 것을 포함하고 있는 것이 아닙니다. 그것은 고전물리학적인 경험세계에서는 정확한 분석이었습니다. 역사의 발전과 더불어 인간의 사고 구조도 바뀐다는 것을 인정해야 합니다. 과학의 진보는 새로운 것을 알아내고 그것을 이해하는 데 머무는 것이 아니라 사고 구조를 바꿈으로써 성취되는 것입니다."

헤르만은 끝내 바이츠제커의 말에 전적으로 동의하지는 않았지만 어느 정도 만족하는 것 같았다. 그리고 바이츠제커와 하이젠베르크는 이 토론을 통해 칸트철학과 현대물리학의 관계를 좀더 잘 이해하게 된 것 같다는 느낌을 가질 수 있었다.

11) 언어에 대한 토론 1933

1933년이 되자 원자물리학의 황금시대가 급속도로 종말을 고하고 있다는 느낌을 받을 수 있었다. 독일에서는 정치적 불안이 가중되고 있었다. 따라서 보어와 하이젠베르크를 비롯한 물리학자들도 위기의식을 갖게 되었다. 그런 가운데 하이젠베르크는 동료들과 바이리슈첼이라는 마을의 산 중턱에 있는 스키 관광객을 위한 오두막에서 며칠을 보내게 되었다. 눈사태로 반쯤 파괴되었던 이 오두막을 하이젠베르크와 청년운동을 같이했던 친구들이 주인을 도와 수리해 주었기 때문에 하이젠베르크는 언제든지 이 오두막을 사용할 수 있었다. 1933년 부활절 휴가 때 하이젠베르크는, 보어와 그의 아들 크리스티안 그리고 펠릭스 블로흐와 카를 프리드리히를 그 오두막으로 초대했다.

때마침 내린 폭설과 함께 어느 역에서 커피를 마시다 기차를 놓치는 바람에 많은 고생을 하면서 겨우 오두막에 도착한 일행은 눈을 치운 오두막의 지붕 위에 누워 최근 물리학 분야에서 이루어진 과학적 성취에 대해 이야기했다. 보어가 미국 캘리포니아에서 가지고 온 한 장의 안개상자 사진이 그날 토론의 주제를 제공했다. 몇 년 전에 폴 디랙이 상대론적 양자이론을 통해, 가지고 있는 전하와 질량의 크기는 전자와 같지만 전하의 부호만 다른 입자가 존재해야 한다고 주장했다. 수학적 분석에 의하면 이 입자는 전자와 만나면 함께 소멸하면서 감마선을 내고 사라져야 했다.

보어가 가지고 온 안개상자 사진은 디랙이 예측했던 입자가 실제로 존재한다는 것을 보여 주는 것처럼 보였다. 위로부터 입사된 이 입자는 강한 자기장 안에 놓여 있던 안개상자 안에서 전자와는 반대 방향으로 휘어져 진행했는데, 이때 만들어진 안개상자의 물방울의 밀도는 전자가 만들어 낸 것과 같았다. 하이젠베르크와 동료들은 이 입자가 디랙이 예측했던 전자의 반입자라고 보는 것이 타당한가 하는 것에 대하여 토론을 벌였다. 실험이 오류를 범할 수 있는 가능성에 대해 얼마 동안 이야기를 한 다음 하이젠베르크가 보어에게 물었다.

"우리가 오늘 양자역학에 대해서 한마디도 하지 않은 것은 이상하지 않습니까? 우리는 안개상자에 나타난 입자의 궤적을 이야기하면서 양자물리학에 대해서는 들은 적도 없는 사람들처럼 고전물리학의 개념만을 사용했습니다. 우리가 잘못하고 있는 것이 아닐까요?"

하이젠베르크의 질문에 보어가 대답했다.

"그렇지 않아요. 그것은 실험의 본질 때문이에요. 우리는 고전물리학과 다른 법칙을 이야기하면서 한편으로는 고전물리학의 개념을 사용하고 있어요. 실험 결과를 다른 사람들과 공유하려면 모두가 이해할 수 있는 언어를 사용해야 하기 때문이지요. 측정은 엄밀한 인과관계를 전제로 할 때만 가능해요. 양자이론에서는 대상과 측정 장치를 구별해야 하지만 실험자들은 고전물리학의 언어를 사용할 수밖에 없어요. 우리는 실험 결과를 설명할 다른 언어를 가지고 있지 않기 때문이에요. 우리는 사용하는 언어가 의미하는 개념이 정확하지 못하다는 것을 알고 있지만 이 언어에 기댈 수밖에는 다른 방법이 없어요."

블로흐가 질문했다.

"사람들이 양자론을 더 잘 이해하게 되면 고전적 개념을 포기하고 새로운 언어로 원자 현상을 이야기할 수 있게 될까요?"

"그것은 우리가 관여할 문제가 아니에요. 우리는 더 잘 이해한다는 것이 어떤 것인지 모를 뿐만 아니라 새로운 언어에 대해서는 더구나 아무것도 모르고 있어요. 그러나 모든 언어는 우리가 경험한 것을 설명하기 위한 거예요. 따라서 우리의 감각과 경험세계가 달라지지 않는 한 새로운 언어라는 것이 있을 수 없겠지요."

밤이 되자 이들은 포커 놀이를 했다. 포커 놀이가 다시 한 번 언어의 의미에 대하여 생각해 보는 계기가 되었다. 보어가 말했다.

"포커에서 사용하는 언어는 물리학에서 사용하는 언어와 전혀 다르군요. 여기서는 진실을 말하는 것이 아니라 오히려 진실을 속이려고 말을 해요. 포커 놀이에서 이기기 위해서는 사람을 잘 속여야 하지요. 듣는 사람에게 강렬한 인상을 만들게 하는 것은 도대체 무엇일까요? 상대방에게 강렬한 인상을 만들기 위해서는 우선 자신이 상대방을 이길 카드를 머릿속에 확실하게 그릴 수 있어야 할 겁니다."

그날 저녁의 카드놀이에서 이 분석이 옳다는 것을 확인할 수 있는 일이 실제로 일어났다. 보어는 한 게임에서 같은 그림 카드 다섯 장을 가지고 있는 것처럼 행동했다. 그리고 큰 돈을 걸었다. 다른 사람들은 보어가 네 번째 카드를 뒤집은 다음 모두 카드를 내려놓았다. 판돈은 보어의 차지가 되었다.

그러나 마지막으로 카드를 다시 살펴본 보어가 탄성을 질렀다. 보어는 그때서야 자신이 하트 10을 다이아몬드 10으로 착각하고 있었음을 알았던 것이다. 보어는 잘못 본 카드로 인해 자신의 카드에 확신을 가질 수 있었고, 따라서 다른 사람들을 속일 수 있었던 것이다.

저녁이 되자 온도가 급격하게 내려갔다. 그래서 모두들 침낭 속으로 들어가 잠을 청했다. 잠자리에서 하이젠베르크는 낮에 보어가 보여 주었던 안개상자 사진을 다시 생각해 보았다. 물질을 더 작은 단위로 계속 나누다 보면 결국 고대 그리스의 데모크리토스가 원자라고 불렀던 최소 단위에 이를 것이다. 우리는 오늘날 이 최소 단위를 소립자素粒子라고 부르고 있다. 소립자라는 말은 더 이상 하부 구조를 가지고 있지 않은 입자라는 뜻이다. 양성자나 전자는 소립자이다. 그러나 물질을 계속 작은 단위로 나눌 수 있다는 생각 자체가 틀린 것인지도 모른다. 더 이상 나눌 수 없는 최소의 단위는 존재하지 않을 수도 있다. 계속 분화해 나가면 마지막에는 입자가 아니라 에너지만 남을 것이다. 그렇다면 태초에 무엇이 있었단 말인가?

다음 날도 전날과 같이 쾌청하였다. 하이젠베르크 일행은 오두막 뒷산에 올라갔다가 스키를 타고 내려왔다. 오두막으로 돌아온 하이젠베르크 일행은 제각각 자기 일들을 했다. 식사 당번이었던 보어와 하이젠베르크는 식사를 준비하면서 이야기를 나누었다.

"저는 어떤 논리실증주의자가, 모든 말은 반드시 완전히 결정된 의미를 가져야 하며, 따라서 정해진 의미를 벗어난 말은 사용하면 안 된다고 한 주장에 화가 난 적이 있습니다. 그래서 저는 그 사람에게, 어떤 사람이 자기가 존경하는 사람이 방에 들어오는 것을 보고 방 안이 환해졌다고 말하는 경우 저는 그 말의 뜻을 충분히 이해할 수 있다고 했습니다. 물론 그때 환해졌다는 것은 실제로 밝아졌다는 뜻은 아닙니다. 저는 말의 물리학적인 의미만을 강조하고, 다른 의미로 사용하는 것은 말의 오용일 뿐이라고 한 그의 주장에 맞서려고 했던 것입니다."

보어는 하이젠베르크의 견해에 동의했다

"나도 그 의견에 동의해요. 그런데 문제는 우리가 언어가 무엇을 뜻하는지를 결코 정확하게 알지 못한다는 거예요. 우리가 사용하는 언어의 의미는 그 말의 문장에서의 연결 관계, 그 문장을 말하는 전후 사정과 맥락 그리고 우리가 일일이 열거할 수 없는 많은 부수적인 상황에 따라 달라지지요. 그것은 일반적인 언어에서뿐만 아니라 자연과학의 언어에서도 마찬가지예요. 실증주의자들이, 언어가 논리적으로 엄밀하게 정식화할 수 있는 영역을 벗어날 때 그 언어의 의미를 상실하게 될 위험성에 대하여 경고한 것은 옳았다고 생각해요. 그러나 우리가 실험 결과를 설명할 때 사용하는 언어가 이미 통용 범위를 벗어난, 정확하게 말할 수 없는 개념들을 포함하고 있다는 것을 간과하고 있어요. 이론물리학자들이 자연을 묘사할 때 사용하는 수학적인 형식들은 엄밀한 논리적 간결성과 정밀성을 가져야 한다고 주장할 수 있지만, 자연에 대하여 무엇인가를 기술하려고 하면 수학적 형식으로 나타난 사실을, 엄밀하지 않은 의미를 가진 언어로 설명해야 해요. 이것이야말로 자연과학이 해결해야 할 과제예요."

식사가 끝난 후에도 각자가 할 일을 나누어 맡았다. 보어는 설거지를 맡았고, 하이젠베르크는 아궁이 청소를 하기로 했다. 설거지를 하던 보어가 말했다.

"설거지는 마치 언어와 같아요. 이렇게 더러운 설거지물과 더러운 행주를 가지고도 접시와 컵을 깨끗이 씻을 수 있고, 불명확한 개념과 적용 범위조차 뚜렷하지 않은 언어를 이용하여 자연을 어느 정도 명백하게 설명하는 데 성공하고 있으니까요."

어느 날 오후 하이젠베르크와 친구들은 언덕에서 먹이를 찾고 있는 알프스 영양들을 발견하고, 가까이 다가가 사진을 찍으려고 했지만 영양들이 재빨리 달아나는 바람에 실패하고 말았다. 번번이 실패하는 것을 보고 있던 보어는 지능과 본능에 대한 자신의 생각을 이야기했다.

"알프스 영양들이 당신들을 잘 피할 수 있는 것은 아마도 그들이 사람들과 같이 생각을 하거나 말을 할 수 없기 때문일지도 몰라요. 그들의 모든 기능은 포식자를 잘 피할 수 있도록 발달되어 있어요. 동물들은 자연선택의 결과로 어떤 특정한 육체적 기능을 거의 완벽에 가까울 정도로 발달시켰지만, 사람은 말할 수 있는 능력을 발전시켰어요. 말할 수 있는 능력으로 인해 사람은 다른 동물보다 공간적으로나 시간적으로 훨씬 큰 영역을 통찰할 수 있게 되었지요. 사람은 과거에 무엇이 있었는지를 기억할 수 있고, 미래에 무엇이 일어날지를 예측할 수 있으며, 공간적으로 먼 곳에서 일어나는 것을 상상할 수도 있고, 다른 사람들의 경험을 이용할 수도 있어요. 따라서 인간은 동물보다 훨씬 더 환경에 잘 적응할 수 있지요. 그러나 반대급부로 본능적인 동작에 대한 능력은 오히려 위축된 것 같아요. 사람들은 이와 같은 약점을 언어를 이용해 공간적·시간적으로 광범위한 영역을 통찰하는 것으로 보완하고 있어요. 언어는 개개인 안에서 발달한 능력이 아니라 개체들 사이에서 발달한 능력이에요. 언어는 인간들 사이를 연결해 주는 그물이라고 할 수 있어요."

하이젠베르크가 보어에게 물었다.

"선생님 말씀에 의하면 지능과 본능은 서로 배제되는 것처럼 보입니다. 자연선택의 과정에서 두 가지 능력 중 하나만 고도로 발달할 수 있다고 말씀하시는 건지, 아니면 두 가지 능력이 서로 다른 능력을 배제하는 상보적인 관계를 가지고 있다고 보시는 건지 알고 싶습니다."

"나는 환경에 적응해 나가는 데 두 가지 다른 방법이 있다는 것을 이야기하고 싶었을 뿐이에요. 사람들의 행동도 본능적인 반응에 따라서 취해지는 경우가 많아요."

휴가가 끝나자 그들은 정치적 불안이 가득한 세계로 다시 돌아와 의미가 명확하지 않은 선전 문구들에 시달려야 했다.

12) 혁명과 대학 생활 1933

독일에서 히틀러가 정권을 잡은 1933년에는 하이젠베르크가 있던 라이프치히 연구소에서도 파괴가 한창 진행되고 있었다. 하이젠베르크의 세미나에 참석했던 유능한 사람들 가운데 많은 사람이 이미 독일을 떠나 망명길에 올랐고, 남아 있던 사람 중에도 상당수가 망명을 준비하고 있었다. 어느 날 오후 하이젠베르크는 연구소 맨 꼭대기 층에 있던 숙소에서 피아노 연습을 마치고 연구소로 내려오다가 길가 의자에 앉아 있는, 자신의 강의를 들은 적 있는 학생을 한 사람 만났다. 하이젠베르크는 그를 거실로 데리고 들어가 이야기를 나눴다. 그 학생은 하이젠베르크가 치는 피아노에 대해 먼저 이야기했다.

"저는 선생님께서 연주하시는 피아노 소리를 좋아합니다.

저는 여기가 아니면 음악을 들을 기회가 거의 없습니다. 하지만 제가 정말 관심을 가지고 있는 것은 피아노가 아닙니다. 저는 선생님께서 예전에 청년운동에 관계하셨다는 것을 알고 있습니다. 저는 지금 청년운동에 가담하고 있습니다. 선생님께서는 나치의 학생 회합이나 히틀러의 유겐트 모임 또는 그보다 더 큰 모임 같은 우리 청년들의 모임에 한번도 참석하신 적이 없으십니다. 선생님께서는 지금 독일에서 죄 없는 사람들이 박해를 받고 독일로부터 추방되고 있다는 사실에 분노하고 계실 줄 압니다. 저 또한 그와 같은 일들을 매우 증오하고 있다는 사실을 믿어 주시기 바랍니다. 그리고 제 친구들 누구도 그런 일에 관여하고 있지 않다는 것을 말씀드립니다. 그러나 저는 커다란 혁명이 성공하려면 조금 지나친 일들이 뒤따를 수밖에 없다고 봅니다. 혁명 초기의 흥분 속에서 예상하지 못했던 일들이 일어나는 것은 어쩔 수 없는 일이라고 생각합니다. 그러나 잠시의 과도기가 지나면 이와 같은 일들은 다시 제자리를 찾을 것입니다. 그렇기 때문에 우리는 선생님께서 관여하셨던 청년운동의 정신을 좀 더 많이 받아들이는 것이 필요합니다. 우리는 선생님 같으신 분들의 협력을 필요로 하고 있습니다. 그런데 왜 선생님께서는 우리들에게 협력하는 것을 거부하시는지를 알고 싶습니다."

"이것이 학생들만의 문제라면 내가 옳다고 생각하는 일을 관철하기 위하여 서로 이야기를 나누고, 또 협력을 할 수도 있어요. 그러나 지금은 독일 민중 전체가 수렁 속으로 빠져들어 가고 있어요. 이 같은 때에는 몇몇 학생과 교수들의 의견을 가지고는 아무것도 할 수가 없어요. 이미 혁명의 지도자들은 이성적으로 행동하라는 사람들의 경고를 진지하게 받아들이지 않고 있어요. 그것은 혁명의 지도자들이 지성인들을 경멸하는 것으로도 알 수 있지요. 나는 여기서 학생에게 한 가지 묻고 싶군요. 도대체 학생은 무엇을 가지고 새로운 독일을 만들겠다고 생각하고 있는 겁니까? 학생들이 그동안 쌓여 온 정치적이거나 사회적인 부조리를 개선하려고 하였다면 나도 기꺼이 협력하였을 것입니다. 그러나 실제로 일어난 일은 모든 것을 파괴하는 것 아닌가요? 지금 독일에서 진행되고 있는 파괴에 내가 협력할 수 없다는 것은 학생도 이해할 수 있지 않나요?"

"선생님은 정말로 잘못 생각하고 계십니다. 선생님께서는 작은 것을 개선하는 것만으로 무엇이 이루어진다고 주장하시려는 건 아니겠지요? 지난 전쟁에서 패전한 이후 사태는 해마다 악화일로를 걸어왔습니다. 우리들이 전쟁에서 진 것은 사실입니다. 우리는 이 사실로부터 무엇인가를 배워야 했습니다. 그러나 우리는 거기서 아무것도 배우지 못하고, 정치와 경제는 상상할 수 없을 정도로 부패하고 말았습니다. 그 결과 많은 노동자들이 굶주림에 허덕이게 되었는데, 어느 누구도 이를 진지하게 걱정해 주는 사람이 없습니다. 부익부 빈익빈은 점차 심화되고 있습니다. 그리고 최근에 있었던 많은 사건들에 유대인들이 연루되어 있었다는 사실은 선생님도 잘 아실 것입니다."

"그래서 당신들은 유대인을 저급 인종으로 간주하고, 유능한 유대인을 독일에서 추방하는 것을 정당하다고 생각하는 겁니까? 어째서 부정을 저지른 사람들을 벌하는 일을 재판소에 맡기지 않고 직접 하려는 겁니까?"

"그것이 불가능하기 때문입니다. 사법은 오래전부터 정치 재판소가 되어 과거의 부패를 영속시키려고만 하였고, 민중의 복지는 아랑곳없이 오로지 지배계급만을 보호하려고 했습니다. 수많은 악질적인 부패 스캔들에 얼마나 관대한 판결이 내려졌는지를 보십시오."

"학생은 당신들의 지도자인 아돌프 히틀러가 정말 훌륭한 사람이라고 믿고 있나요?"

"그가 지나치게 소박하게 보이기 때문에 선생님 마음에 들지 않을 것이라는 점은 짐작이 갑니다. 그러나 그는 단순한 민중을 설득해야 하기 때문에 그들의 언어를 사용하지 않으면 안 됩니다. 그가 훌륭하다는 것을 선생님께 증명할 수는 없습니다. 그러나 그가 지금까지 있었던 어느 정치가보다 잘하는 것을 곧 보시게 될 겁니다."

"나는 학생에게 내가 무엇을 생각하고 있는지를 좀 더 분명하게 설명해야 하겠군요. 나는 덴마크, 스웨덴 그리고 스위스와 같은 나라들이 비록 지난 100년 동안에 전쟁에 패하였고 군사적으로도 약하지만 아주 잘 살고 있는 걸 봅니다. 그들은 어려움을 슬기롭게 극복하고 나라를 평화로운 상태로 잘 유지하고 있어요. 우리도 그런 노력을 해야 하지 않을까요?"

"선생님은 평화적인 방법만으로는 아무것도 달성할 수 없다는 것을 인정하셔야 합니다. 선생님이 참여하셨던 청년운동은 데모 한번 하지 않았고, 유리 한 장 깨지도 않았으며, 대적하는 사람들을 구타하지도 않았습니다. 그러나 그렇게 해서 이루어 놓은 것이 무엇입니까?"

"정치적으로 보면 이루어 놓은 것이 없다고 비난할 수도 있겠지요. 그러나 우리가 했던 청년운동은 문화적으로 상당한 결실을 맺었어요. 성공적인 사례들은 얼마든지 찾아볼 수 있어요."

"그것은 저도 인정합니다. 그러나 독일은 내부적인 부패와 외부적인 압박에서 해방되어야 합니다. 그런데 이런 일은 그런 선의의 수단만으로는 가능하지 않습니다. 선생님께서는 우리가 석연치 않은 방법을 사용하는 사람을 추종하고 있다고 비난하고 있습니다. 저도 그의 반유대주의에는 찬성하지 않지만 그러한 폐단은 곧 사라지리라고 생각합니다. 그러나 혁명을 비판하는 나이 든 교수 중에 선의의 방법으로 목표를 달성할 수 있는 더 나은 방법을 제시한 사람이 있습니까? 이런 상황에서 우리가 도대체 어떻게 해야 한다고 생각하십니까?"

"그래서 학생은 폭력을 이용해 모두를 파괴해 버리면 거기서 어떤 좋은 결과가 나올 것이라고 생각하나요?"

"선생님께서는 변화를 꾀하는 모든 시도를 다 잘못된 것이라고 생각하고 계신 겁니다. 그래서는 젊은이들을 설득할 수 없을 것입니다. 그런 선생님이 어떻게 학문 분야에서 혁명적인 이론을 시작하실 수 있었는지 모르겠습니다."

"과학에서 혁명을 말할 때는 그 혁명을 정확하게 살펴보는 일이 중요합니다. 예를 들어 플랑크의 양자이론을 생각해 봅시다. 플랑크는 처음부터 지금까지의 물리학을 변화시키려는 생각은 추호도 없었던 아주 보수적인 사람이었어요. 그는 다만 극히 제한된, 특정한 문제만을 해결하려고 시도했어요. 처음에는 이전 물리학의 법칙들을 이용해서 문제를 해결하려고 했지만 이전의 물리법칙을 가지고는 불가능하다는 것을 알게 되었어요. 그 후 그는 예전의 테두리를 벗어나는 새로운 가설을 제안했어요. 과학에서는 가급적 이론을 적게 변화시키려고 노력할 때 그리고 윤곽이 확실한 문제의 해결에 집중할 때 결실 있는 혁명을 관철시킬 수 있어요. 지금까지의 모든 것을 부정하고 자기 마음대로 변화시키려고 한다면 터무니없는 결론에 도달하게 될 겁니다."

"노인들이 항상 그렇듯이 선생님 또한 청년들의 활동을 반대하는 경험들만 인용하고 계십니다. 거기에 대해 저는 더 이상 드릴 말씀이 없습니다. 우리는 역시 고독하다는 것을 다시 확인했습니다."

그 학생이 돌아가려고 할 때 하이젠베르크는 그를 위해 슈만의 피아노 협주곡의 마지막 악장을 연주해 주었다. 그는 만족스러워했고, 하이젠베르크에 대한 적대감을 누그러뜨린 것 같았다. 그 학생과의 대화가 있은 다음 몇 주일 동안 대학에 대한 정부 당국의 간섭은 차츰 심해졌다. 라이프치히대학의 동료 교수였던 수학자 프리드리히 빌헬름 레비는 제1차 세계대전 때 포병 장교로 참전하여 철십자 훈장을 받았던 사람으로 그의 지위는 법적으로 보장되어 있었다. 그러나 정부는 그의 조상 중에 유대인이 있다는 이유로 그를 해직시켰다. 분노한 젊은 교수들은 이에 항의하기 위해 동반 사퇴할 것을 고민하고 있었다. 하이젠베르크는 동반 사퇴라는 극단적인 방법을 사용하기 전에 막스 플랑크의 의견을 들어 보기로 하고 베를린에 있는 그의 집을 방문했다.

플랑크가 먼저 말을 꺼냈다.

"당신은 나에게 정치적인 문제에 대한 충고를 기대하고 왔겠지만 나는 아무런 충고도 할 수 없습니다. 나는 독일과 독일 대학에서 진행되고 있는 파괴가 중단될 수 있을 것이라고 기대하지 않습니다. 내가 당신 이야기를 듣기에 앞서 며칠 전 히틀러와 만났던 이야기를 먼저 하겠습니다. 나는 유대인 동료들을 추방하는 것이 독일과 물리학 연구에 얼마나 큰 손실을 가져오는가에 대하여 그를 설득하려고 했습니다. 나는 유대인들에 대한 탄압이 얼마나 비인도적인 처사인지 그리고 유대인도 독인일이라는 자각을 가지고 지난 전쟁에서 독일을 위해 싸웠던 사실을 설명했지만 히틀러는 내 말을 들으려고도 하지 않았습니다. 좀 더 심하게 말한다면 그 인간과는 서로 소통할 수 있는 언어가 없었습니다. 내가 보기에 그는 이제 외부와의 접촉이 완전히 차단되어 있으며, 누구의 충고도 듣지 않는 것 같았습니다. 그는 같은 말을 반복해서 큰소리로 외치면서 내 이야기를 무시해 버렸습니다. 자신의 이념에 사로잡혀 어떤 합리적인 요구도 묵살하고 독일을 파멸로 이끌어 갈 것이 틀림없습니다."

하이젠베르크는 최근에 라이프치히에서 일어난 사건들과

거기에 대해 젊은 교수들이 논의한 계획을 이야기했다. 그러나 플랑크는 그와 같은 계획은 처음부터 아무런 성과도 기대할 수 없다고 말했다.

"나는 당신과 같은 젊은 사람들이 그와 같은 방법으로 아직 파국을 저지할 수 있다고 낙관적으로 생각하는 것을 다행으로 생각하고 있습니다. 그러나 유감스럽게도 당신들은 자신들의 영향력을 지나치게 과신하고 있는 것 같습니다. 당신들이 동반 사퇴를 한다고 해도 아무도 그런 사실을 모를 것입니다. 신문들은 그런 사실을 보도하지도 않을 것이고, 설사 보도한다고 해도 오히려 악의적인 방법으로 당신들의 행동을 비난할 것입니다. 일단 눈사태가 일어나면 어느 누구도 눈사태의 방향을 바꿀 수 없다는 사실을 잘 알고 있을 것입니다. 눈사태는 이미 시작되었습니다. 이미 히틀러 자신도 이 사태의 결과나 그 진행 과정을 결정할 수 없게 되었습니다. 그는 그런 일을 추진하고 있는 사람이라기보다는 자신의 광기로 말미암아 자신도 추진당하는 사람이 되어 버렸습니다."

플랑크와 하이젠베르크의 대화는 더 이상 진전되지 않았다. 하이젠베르크는 라이프치히로 오는 기차 안에서 플랑크와 나눈 이야기를 다시 생각해 보았다. 하이젠베르크는 이민을 결심해야 할 것인지의 여부를 놓고 심각하게 고민했다. 하이젠베르크는 독일에서 강제적으로 생활 기반을 빼앗기는 바람에 아무런 고민 없이 독일을 떠나는 친구들이 부럽기까지 했다. 그들은 참으로 견디기 어려운 고난을 당하고, 지독한 물질적인 곤경에 빠지기는 했지만 적어도 선택을 해야 하는 고통은 없었다.

모든 사람이 이민을 갈 수는 없는 일이다. 사람들이 그때그때의 재난을 피하기 위하여 이 나라에서 저 나라로 떠도는 일이 옳은 일일까? 다른 나라로 이민을 간다 해도 그 나라에서는 이와 같은 재난에 부딪히지 않으리라는 보장이 있을까? 결국 사람이란 출생과 언어 그리고 교육으로 말미암아 어느 특정한 나라에 소속되기 마련이다. 이민을 간다는 것은 결국 나라를 파국으로 몰고 가는 광신적인 무리들에게 아무런 투쟁도 없이 독일을 넘겨주는 꼴이 되고 마는 게 아닐까?

플랑크는 이와 같은 파국이 지나간 다음 시대를 생각하지 않으면 안 된다고 말했다. 그는 지금부터 재난이 끝난 후에 다시 새롭게 재건하는 일을 준비해야 한다고 했다. 그러기 위해서는 불가피하게 타협을 할 때도 있고, 이로 말미암아 뒷날 지탄을 받게 될 경우도 생길 것이며, 때에 따라서는 더 어려운 상황에 직면하게 될는지도 모른다. 그러자 하이젠베르크는 자신이 해야 할 일이 무엇인지가 명백해지는 것 같았다. 라이프치히로 돌아왔을 때 하이젠베르크는 당분간은 독일에 그리고 라이프치히대학에 머물면서 앞으로 무슨 일들이 펼쳐질 것인지 그리고 우리가 나아가는 길이 어디를 향하는지를 지켜보기로 한 결심을 굳히고 있었다.

13) 원자 기술의 가능성과 소립자에 대한 토론 1935-1937

독일의 혁명과 그에 따른 과학자들의 집단 망명으로 혼란스러운 가운데서도 원자물리학은 놀라운 속도로 발전을 거듭하고 있었다. 영국의 케임브리지에 있는 러더퍼드의 실험실에서 콕크로프트와 월턴은 고전압 장치를 이용해 가속시킨 고속의 양성자를 가벼운 원자핵에 충돌시켜 원자핵을 변환시키는 데 성공했다. 미국에서는 원형 입자가속기인 사이클로트론을 개발하여 많은 새로운 핵물리학 실험을 할 수 있게 됨으로써 원자핵과 원자핵을 이루고 있는 입자들 사이에 작용하고 있는 힘에 대하여 많은 것을 알 수 있게 되었다.

하이젠베르크는 라이프치히의 세미나에서 원자핵을 일종의 구형 물방울이라고 가정하고 이 구형 물방울 안에서 중성자와 양성자가 서로 방해를 받지 않고 자유롭게 운동할 수 있다고 보았다. 그러나 코펜하겐의 보어는 원자핵 구성요소들의 상호작용을 매우 중요하게 생각하고 원자핵을 양성자와 중성자들이 서로 맞대고 있는 모래주머니와 같은 것으로 파악하고 있었다. 이와 같은 견해차를 해소하기 위해 하이젠베르크는 1935년 가을에 코펜하겐을 방문했다. 코펜하겐에 있는 동안 하이젠베르크는 보어의 집에 머물렀다. 보어의 집은 덴마크 정부와 맥주 회사인 칼스베르크가 제공한 것으로 원자물리학자들의 모임 장소로 자주 사용되어 왔다. 원자핵을 발견한 영국의 러더퍼드도 때마침 휴가를 이곳에서 보내고 있었다. 그래서 때때로 러더퍼드와 보어, 하이젠베르크가 같이 정원을 산책하면서 최근의 실험이나 원자핵의 구조에 관한 의견을 나눌 수 있었다.

러더퍼드 만약 더 큰 고전압 장치나 거대 입자가속장치를 만들어 더 높은 에너지를 가진 양성자를 무거운 원자핵에 충돌시키면 어떤 일이 일어날까요? 빠른 속도로 달리는 양성자가 원자핵을 그대로 통과해 버릴까요? 아니면 양성자가 원자핵 안에 잡히고, 양성자가 가지고 있던 에너지는 원자핵 구성 입자들에 의해 흡수될까요? 만약 원자핵의 구성요소들 사이의 상호작용이 크다면 양성자는 원자핵 안에 남아 있을 게 틀림없어요. 그러나 양성자와 중성자가 서로를 방해하지 않고 거의 독립적으로 운동하고 있다면 양성자는 그대로 원자핵을 통과할 겁니다.

보어 나는 양성자가 원자핵 안에 남아 있고, 그것이 가지고 있던 운동에너지는 결국 원자핵의 구성요소들에게 균일하게 분배될 것이라고 생각합니다.

하이젠베르크 저도 그렇게 믿고 있습니다. 원자핵 안으로 들어온 고속의 양성자는 원자핵을 구성하는 입자들과 여러 번 충돌할 것이고, 이를 통해 양성자가 가지고 있던 에너지를 잃게 될 것입니다. 가속장치를 차츰 크게 하다 보면 핵물리학을 기술적으로 응용할 수 있는 단계까지 갈 수 있을까요? 화학반응 시에 방출되는 에너지를 이용하는 것처럼 핵반응 시에 방출되는 에너지를 사용할 수는 없을까요?

보어 화학반응과 핵반응 사이의 근본적인 차이는 화학반응에서는 물질을 이루고 있는 다수의 분자가 반응에 관여하지만, 핵반응에서는 항상 적은 수의 원자핵만 반응에 참여한다는 것입니다. 아무리 큰 가속장치를 가지고 실험을 한다 하더라도 기본적으로는 다를 바가 없을 겁니다.

러더퍼드 지금까지는 원자핵반응에서 에너지를 얻을 수 있는 가능성에 대해서는 논의된 적이 없어요. 왜냐하면 원자핵 하나하나의 반응에서는 에너지가 방출되지만, 그와 같은 반응에 이르기 위해서는 매우 많은 에너지를 소모해야 하기 때문이에요. 따라서 핵반응을 통해 에너지를 생산하는 것은 한마디로 밑지는 장사예요. 따라서 원자핵에너지의 기술적인 이용에 관해서 이야기한다는 것은 무의미하다고 생각해요.

라이프치히로 돌아온 하이젠베르크는 고속의 양성자가 원자핵에 충돌했을 때 일어날 일들을 계산해 보았다. 그 결과 가속장치로부터 방출된 양성자는 원자핵 안에 남아 원자핵을 가열시킨다는 것이 확인되었다. 당시 베를린 부근인 달렘에 있는 오토 한의 연구소에서 리제 마이트너의 조수로 일하고 있던 바이츠제커는 세미나에 참석하기 위해 가끔 라이프치히를 방문했다. 그는 태양과 같은 별의 내부에서 일어나는 원자핵반응에 관한 그의 연구 결과를 설명했다. 그는 별들이, 가벼운 원자핵들이 융합하여 큰 원자핵이 되는 핵융합반응을 통해 막대한 에너지를 방출하고 있다는 것을 이론적으로 증명했다. 그리고 미국의 한스 베테가 별 내부에서 수소 핵융합반응이 일어나는 과정을 찾아냈다. 따라서 과학자들은 별들을 거대한 원자로로 보는 데 익숙해지고 있었다.

하이젠베르크가 주도하고 있던 라이프치히 세미나에서는 소립자의 성질에 대한 토론도 계속되었다. 이 문제와 관련해서 하이젠베르크의 가장 가까운 대화 상대가 된 사람은 몇 년 전부터 라이프치히 세미나에 참여하고 있었던 한스 오일러라는 학생이었다. 그는 재능뿐만 아니라 외모도 눈에 두드러지는 준수한 학생이었다. 하이젠베르크와 오일러는, 디랙이 예상했던 양전자의 발견으로 알게 된, 큰 에너지를 가진 감마선이 전자와 양전자로 전환되는 과정에 대해 이야기했다.

"우리는 디랙의 연구 결과로부터 어떤 원자핵 옆을 지나가는 광자는 한 개의 전자와 한 개의 양전자, 즉 입자의 쌍으로 전환된다는 사실을 알게 되었습니다. 이 사실은 광자가 하나의 전자와 하나의 양전자로 구성되어 있음을 뜻하는 것일까요?"

"나는 그렇게 생각하지 않아요. 전자와 양성자로 이루어진 체계가 왜 항상 빛의 속도로 공간을 달려야 하는지를 설명할 수 없어요."

"그렇다면 광자는 무엇이라고 말할 수 있습니까?"

"아마 잠재적으로는 광자가 전자와 양전자로 이루어져 있다고 말할 수도 있을 겁니다. 여기서 잠재적이란 말은 그럴 가능성도 배제할 수 없다는 뜻입니다. 따라서 지금으로서는 경우에 따라 광자가 전자와 양전자로 전환될 수 있다는 것을 알고 있을 뿐입니다."

"아주 큰 에너지의 충돌에서는 하나의 광자가 두 개의 전자와 두 개의 양전자로 전환될 수도 있습니다. 그렇다면 그때는 광자가 잠재적으로 네 개의 입자로 구성되어 있다고 말할 수 있을까요?"

"그렇게 말할 수도 있겠지요. 가능성을 나타내는 잠재적이라는 말 때문에 광자가 두 개 또는 네 개의 입자로 이루어져 있다는 주장도 허용될 수 있을 겁니다."

"그 같은 표현으로 얻어지는 것은 무엇입니까? 그런 표현이 가능하다면 모든 소립자는 잠재적으로 다수의 다른 소립자들로 구성되어 있다고 말할 수도 있을 것입니다. 그렇게 말할 수 있는 이유는 대단히 큰 에너지의 충돌 과정에서는 얼마든지 많은 입자들이 발생할 수 있기 때문입니다."

"나는 그렇게 생각하지 않아요. 입자의 수와 종류는 아무렇게나 결정되는 것이 아니에요. 입자가 생성되는 반응은 여러 가지 보존법칙들과 상호작용과 관련된 법칙들을 만족시켜야 하기 때문에 그게 가능한 입자의 종류나 수가 제한되겠지요."

"선생님께서 지금 하신 말씀은 지나치게 추상적인 것 같습니다. 이런 논쟁보다는 현재 실험물리학자들이 어떤 입자들을 새로 발견했는지에 대해 알아보는 것이 좋을 것 같습니다."

"학생은 실험물리학자들이 최근에 중간 무게를 가지고 있는 중간자를 발견한 사실을 알고 있을 거예요. 그 밖에도 큰 힘이 작용하는 소립자들이 여럿 존재한다는 것이 알려져 있어요. 그러나 그 소립자들은 수명이 대단히 짧아요. 그것은 수명이 짧기 때문에 오늘날까지 우리가 모르고 있던 소립자가 많이 존재할 수 있음을 뜻해요."

그 당시만 하더라도 아직 소립자와 관련된 물리학은 아직 초보 단계에 있었다. 우주 복사선에서 새로운 입자들의 실험적인 증거가 몇 가지 발견되었지만 아직 체계적인 실험이 이루어지지 않고 있었다. 오일러는 원자물리학의 미래에 대해 물었다.

"디랙이 발견한 반물질의 존재로 말미암아 입자의 세계가 이전보다 훨씬 복잡해졌습니다. 사람들은 세상이 양성자와 전자 그리고 광자만으로 이루어졌다고 생각했습니다. 그러나 지금은 입자의 세계가 차츰 더 복잡해지고 있습니다. 소립자는 이제 더 이상 소립자素粒子가 아니며 적어도 잠재적으로 매우 복잡한 구조를 가지고 있습니다. 이것은 우리가 전에 생각했던 것보다, 완전한 이해로부터 훨씬 멀리 떨어져 있다는 것을 뜻하지 않을까요?"

"나는 세상이 세 개의 기본 요소로 이루어져 있다는 생각이 전혀 근거가 없는 것이라고 생각해요. 어째서 세 개의 기본 입자만 존재해야 하는지 알 수 없어요. 양성자가 전자보다 왜 1,836배의 질량을 가져야 하는지, 도대체 1,836이라는 숫자는 어디서 근거를 찾을 수 있는 것인지 그리고 이 숫자는 왜 절대로 변화되어서는 안 되는지를 도무지 이해할 수 없어요. 하지만 현재로서는 이런 데까지 신경을 쓸 필요는 없을 거예요. 우리는 지금 당장 조사 연구 할 수 있는 것으로 문제를 한정시켜 보는 것이 좋을 것 같아요."

하이젠베르크의 계산 결과에 의하면 에너지가 큰 두 소립자는 많은 새로운 소립자를 발생시킬 수 있다는 것이 밝혀졌다. 당시 우주 복사선 안에서는 소립자의 다중 발생과 관련이 있어 보이는 현상들이 발견되었지만, 소립자 다중 발생의 확실한 실험적 증거는 그로부터 20년이 지나서야 거대 입자가속기를 통해 발견되었다.

14) 정치적 파국에서의 개인의 행동 1937-1941

제2차 세계대전 직전의 몇 년 동안 하이젠베르크는 무한한 고독 가운데서 보내야 했다. 나치 정권의 횡포는 더욱 심해졌으며, 내부로부터의 개선 같은 것은 도저히 기대할 수 없게 되었다. 이 시기에는 극히 한정된 친구들과만 자유로운 대화가 가능했고, 그 밖의 사람들과는 꼭 필요한 말만 주고받았다.

1930년 1월 어느 추운 날 하이젠베르크는 라이프치히의 중심가에 있는 노상에서 동계 빈민구제 사업 기장을 팔고 있었다. 이런 활동도 그 시기를 살아가야 했던 사람들의 굴종과 타협에 속하는 것이었다. 비록 빈민을 위하여 모금을 하는 것이어서 나쁜 일은 아니었지만 하이젠베르크는 모금 상자를 들고 길거리를 서성거리면서 절망 상태에 빠질 수밖에 없었다. 그는 자신이 전에는 상상조차 할 수 없었던 환상의 나라에 와 있는 것 같은 착각 속에 빠졌다.

그날 밤 하이젠베르크는 출판업을 하는, 뷔킹이라는 사람의 집에서 열린 실내 음악 연주회에 연주자로 초대받았다. 연주회에 참석한 한 젊은 여성이 하이젠베르크의 눈길을 끌었다. 그녀와 첫 대화를 나누는 순간 하이젠베르크는 그날 그가 빠져 있었던 환상의 세계에서 현실세계로 돌아온 것 같았다. 하이젠베르크가 연주한 삼중주의 느린 악장은 그 여성과의 대화의 연장이었다. 이 일이 있은 지 몇 달 뒤 그들은 결혼했다. 그의 아내가 된 엘리자베스 슈마허는 그 뒤 하이젠베르크와 함께 많은 어려움을 극복해 나갔다.

1937년 여름에 하이젠베르크는 비록 짧은 기간이었지만 구속되어 신문을 당하는 어려움을 겪었다. 유대인 과학자를 도와주었다는 죄목이었다. 하이젠베르크는, 자신보다는 오히려 다른 많은 동료들이 더 지독한 시련을 극복해야 했었다는 이유로 『부분과 전체』에는 이 문제에 대해서 자세하게 언급하지 않았다.

한스 오일러는 여전히 하이젠베르크의 집에 초대되는 정기적인 손님이었다. 그들은 자주 독일이 당면하고 있는 정치적 문제들에 대해 함께 이야기했다. 어느 날 오일러는 근처의 작은 마을에서 며칠 동안 실시되는 강사와 조수들의 합숙 훈련에 참가하라는 통보를 받았다. 하이젠베르크는 그에게 조

수 자리를 잃지 않기 위해 그 훈련에 참가할 것을 권했다. 합숙 훈련에 다녀온 오일러는 그곳에서 있었던 일들을 전해 주었다.

"거기에 있던 많은 사람들은 저처럼 자리를 잃지 않기 위해 마지못해 훈련에 참석한 사람들이었습니다. 그런 사람들은 별 이야기를 하지 않고 묵묵히 훈련에 참가했습니다. 그러나 유겐트 지도자를 포함한 소수의 젊은이들은 진실로 국가 사회주의를 신봉하고 있었으며, 자신들이 좋은 나라를 건설할 것이라고 믿고 있었습니다. 저는 이 운동으로 인해 얼마나 많은 끔찍한 사건들이 일어났으며, 앞으로 또 얼마나 더 많은 불행한 일들이 일어날 것인지를 잘 알고 있습니다. 그들은 인간 상호 간의 관계를 훨씬 더 인간적인 것으로 만들기를 바란다고 말하는데 어떻게 저토록 많은 비인간적인 일들이 일어날 수 있는지 도무지 이해할 수 없습니다. 저는 오랫동안 좌익운동이 성공하기를 바라 왔습니다. 그러나 지금으로서는 좌익운동이 성공한다고 해서 비인간적인 면이 지금보다 더 적어질는지 알 수 없게 되었습니다. 그렇다면 도대체 사람은 무엇을 바라야 하며 이 시점에서 우리는 무엇을 해야 하는 것입니까?"

하이젠베르크는 단지 다음과 같이 대답할 수밖에 없었다.

"사람들은 다시 무엇인가를 할 수 있을 때까지 기다려야 할 것이며 그때까지는 자기가 살고 있는 작은 영역에서 질서를 지켜 나가야 하겠지요."

1938년 여름에는 독일과 다른 나라들 사이의 긴장이 점차 고조되고 있었고, 이러한 긴장은 하이젠베르크의 새 가정에도 위협이 되기 시작했다. 하이젠베르크는 산악병 부대에 소집되어 두 달 동안 훈련을 받았다. 그는 여러 번 완전군장을 한 채 체코와 맞닿은 국경으로 진군하기 위해 군용차에 모든 장비를 싣고 대기하라는 명령을 받았다. 하이젠베르크는 전쟁이 머지않았음을 느낄 수 있었다.

1938년이 다 지나갈 무렵 라이프치히 세미나에 참석하기 베를린에서 온 바이츠제커가 놀라운 소식을 전해 주었다. 오토 한이 우라늄 원자핵에 중성자를 충돌시켜 우라늄 원자핵을 두 개의 작은 원자핵으로 분열시키는 데 성공했다는 것이었다. 라이프치히 세미나에 참석하고 있던 과학자들은 이와 같은 결과가 실제로 가능한지에 대해 토론했다. 그들은 원자핵을 양성자와 중성자로 구성된 물방울과 비슷한 것으로 생각하고 있었으며, 바이츠제커는 이미 몇 년 전부터 부피 에너지, 표면장력 그리고 내부에서의 정전기적 반발력을 실험 결과들을 이용해 계산해 놓고 있었다. 놀라운 것은 이런 계산을 해 놓고도 그때까지 그 누구도 핵분열을 생각하지 못했다는 것이었다.

무거운 원자핵의 핵분열은 외부에서 충격만 주면 일어날 수 있다는 것이 확실했다. 그리고 원자핵에 충돌한 한 개의 중성자로도 원자핵을 분열시킬 수 있다는 것이 밝혀졌다. 이런 계산 결과는 더 놀라운 결론을 이끌어 냈다. 일단 분열된 두 부분은 분열 직후에는 안정한 상태가 아닐 것이다. 따라서 추가적으로 입자를 방출하는 일이 일어날 것이다. 이는 분열 직후 분열된 작은 원자핵으로부터 중성자가 방출될 수 있음을 의미하는 것이었다. 그렇다면 이렇게 방출된 중성자가 다시 또 다른 우라늄 원자핵과 충돌할 것이고, 그다음 또 다른 우라늄 원자핵의 핵분열이 일어나는 이른바 연쇄반응이 진행될 수 있을 것이다. 물론 이런 반응을, 실험을 통해 확인하기까지는 많은 시간이 걸릴 것이다.

1939년 봄에는 전쟁의 그림자가 다가오고 있었다. 하이젠베르크는 도시가 파괴될 경우에 대비해 가족을 피난시킬 산속의 별장을 찾아다니다가 발헨호에서 가까운 우르펠트에서 마땅한 곳을 찾아냈다. 그는 사태가 좀 더 심각해지면 가족과 함께 이곳으로 피난하기로 했다. 전쟁이 일어나기 전에 처리해 두어야 할 일들이 많았다. 하이젠베르크는 미국에 많은 친구들이 있었는데, 아직 여행이 가능할 때 그들을 한번 만나 볼 필요를 느꼈다. 전쟁이 끝난 후에 재건 사업을 시작하게 된다면 그들의 도움이 필요할 것이라고 생각했기 때문이다. 그래서 1939년 여름 하이젠베르크는 미국으로 가서 미시간주에 있는 앤아버대학과 일리노이주에 있는 시카고대학에서 순회 강연을 했다. 이 기회에 하이젠베르크는 학생 시절 괴팅겐의 보어 세미나에서 같이 공부했던 페르미를 만났다. 이탈리아 출신 물리학자였던 페르미는 1938년에 노벨상을 수상하기 위해 스톡홀름을 방문했다가 미국으로 망명했다. 하이젠베르크가 페르미의 집을 방문했을 때 페르미는 하이젠베르크에게도 미국으로 망명할 것을 권했다.

"도대체 당신은 독일에서 무엇을 더 바라는 것입니까? 당신이 전쟁을 지지할 리는 없지만, 원하지 않는 일들을 해야만 할 것이고, 책임지고 싶지 않은 일들을 책임져야만 할 것입니다. 미국은 유럽에서 고향을 등지고 떠나온 사람들이 건설한 나라입니다. 그들은 이 신세계에서 자유롭게 살아가고 있습니다. 나는 이탈리아에서는 위대한 물리학자 대접을 받았지만 이곳에서는 그저 평범한 젊은 물리학자에 지나지 않습니다. 이것이 얼마나 시원스러운 일인지 모르겠습니다. 어째서 당신은, 모든 짐을 던져 버린 뒤 이곳에서 새로운 출발을 하려고 하지 않습니까? 이곳에서 당신은 과학 발전에 기여할 수 있을 것입니다."

"당신이 말씀하시는 것은 충분히 납득이 가는 이야기입니다. 그리고 나 자신 역시도 바로 그러한 물음을 수천 번이나 스스로에게 반복하였습니다. 이 넓은 나라로 올 수 있다는 가능성은 저에게는 끊임없는 유혹이었습니다. 그럼에도 나는 독일에 남기로 결심하였습니다. 그곳에서 과학 발전에 이바지함과 아울러 전쟁 뒤에 독일에서 훌륭한 과학을 재건하고자 하는 뜻있는 젊은이들을 모으고 싶었기 때문입니다. 나는 전쟁이 그렇게 오래 가지 않을 것이라고 생각합니다. 지난 가을의 위기 때 나도 소집을 당했었는데 그때 나는 전쟁을 원하는 사람이 없다는 것을 알 수 있었습니다. 총통이라는 사람의 이른바 평화 정책이라는 것이 근본적으로 엉터리라는 것이 드러나게 되면 그때 독일 민중은 자각하여 히틀러와 그의 신봉자들을 추방하리라고 생각합니다. 하지만 이게 너무 안이한 생각이라는 것도 알고 있습니다."

페르미는 핵분열 이야기를 시작했다.

"그리고 또 하나 당신이 깊이 생각해야 할 문제가 있습니다. 당신은 오토 한이 발견한 핵분열 과정이 연쇄반응에 이용될 수 있다는 사실을 알고 있을 겁니다. 따라서 핵에너지가 무기로 사용될 가능성을 고려하지 않으면 안 될 겁니다. 핵무기 기술은 전쟁이 벌어지는 동안에 두 진영에 의해 급속하게 추진될 것임이 틀림없습니다. 물리학자들은 그들이 살고 있는 나라에서 핵무기 개발 참여를 권유받을 것입니다."

"그런 일이 발생할 수 있다는 점을 충분히 알고 있습니다. 그리고 그렇게 될 때 우리가 취해야 할 행동이 매우 어려우리라는 것도 잘 알고 있습니다. 그렇다고 이민을 온다고 해서 그 같은 책임으로부터 자유로울 수 있을까요? 나는 정부가 온 힘을 기울여서 핵무기를 개발한다고 해도 많은 시간이 걸릴 것이며 따라서 핵무기가 개발되기 전에 전쟁이 끝날 것이라고 생각합니다."

"혹시 당신은 히틀러가 전쟁에 승리할 가능성이 있다고 생각하고 있는 것은 아닙니까?"

"아닙니다. 현대전은 기술전이라고 할 수 있을 것입니다. 히틀러의 정책이 독일을 모든 강대국으로부터 고립시켰기 때문에 적국들에 비하면 독일의 기술적 잠재력은 상대도 안 될 만큼 떨어지고 있습니다. 이 사실은 너무나 분명하기 때문에 히틀러가 이를 인정하고 전쟁을 일으키지 않기를 바랄 뿐입니다."

"당신이 독일을 선택한 것은 슬픈 일입니다. 그러나 아마도 우리는 전쟁이 끝난 후에 다시 만나게 될 것입니다."

하이젠베르크는 독일로 귀국하기 전에 뉴욕에서 콜롬비아 대학의 실험물리학자인 페그람과도 비슷한 대화를 할 기회가 있었다. 그는 하이젠베르크보다 연장자였고 경험도 풍부한 사람이었다. 그 역시 하이젠베르크에게 미국으로 이민하라고 간곡하게 권했다. 그의 호의를 고맙게 생각했지만 한편으로는 자신이 귀국하려는 의도를 이해해 주지 못하는 것 같아 서운하기도 했다.

1939년 8월 1일 하이젠베르크는 독일로 돌아왔다. 그가 타고 온 배는 거의 비어 있었는데 그것은 페르미와 페그람의 주장을 뒷받침해 주는 것이었다. 8월에 하이젠베르크 가족은 우르펠트에 얻어 놓았던 별장으로 이사했다. 9월 1일 하이젠베르크가 산비탈에 있는 이 별장에서 우편물을 가지러 우체국에 내려갔을 때 호텔 주인이 폴란드와 전쟁이 시작된 것을 알고 있느냐고 물었다. 그는 하이젠베르크가 놀라는 표정을 보면서 위로하려는 듯이 전쟁이 한 삼주일이면 끝날 것이라고 덧붙였다.

며칠 뒤 하이젠베르크는 소집 영장을 받았다. 예상과는 달리 지난번에 복무하였던 산악병 부대가 아니라 베를린에 있는 육군 병기국으로 출두하라는 명령이었다. 그곳에서 하이젠베르크는 다른 물리학자들과 함께 원자에너지의 기술적 이용에 관한 문제에 대하여 연구해야 했다. 바이츠제커도 같은 소집 영장을 받았다. 그래서 하이젠베르크와 바이츠제커는 종종 베를린에서 만날 수 있었고 그들이 처해 있는 상황에 대해 같이 이야기를 나눌 수 있었다.

하이젠베르크가 바이츠제커에게 말했다.

"그러니까 당신도 우라늄 클럽의 회원이 된 셈이군요. 그렇다면 틀림없이 당신도 우리에게 부여된 과제와 우리가 무엇부터 시작할 것인지에 대해 깊이 생각해 보았겠군요. 만약 지금이 평화스러운 시절이라서 우리가 할 과제가 순수한 연구 목적의 과제라면 우리 모두가 이렇게 흥미 있는 연구를 같이 연구할 수 있다는 게 얼마나 즐거운 일일까요? 그러나 지금은 전시이기 때문에 우리가 연구하는 것이 바로 우리 자신이나 다른 사람들을 극단적인 위험 상태로 이끌어 갈지도 모릅니다."

"그 점에 대해서는 선생님의 말씀이 옳습니다. 저는 이 과제를 피할 수 있는 가능성이 없는지도 생각해 보았습니다. 그러나 저는 우란프로젝트 쪽을 선택했습니다. 이 프로젝트야말로 무한한 가능성을 지니고 있기 때문입니다. 원자에너지의 기술적 이용이 아직 기약할 수 없는 먼 장래의 일이라면 우리가 이 연구를 한다고 해서 어떠한 해로운 일도 없을 겁니다. 게다가 이 프로젝트는 원자물리학을 연구했던 유능한 과학자들에게 전쟁 기간 동안 꽤 안전한 장소를 제공해 주고 있습니다. 만약 원자핵에너지 관련 기술이 가까운 곳까지 와 있다고 하더라도 그것을 다른 사람들에게 맡기는 것보다 우리가 맡아 직접 영향력을 행사할 수 있는 게 더 낫다고 생각했습니다. 어쩌면 물리학자가 주도권을 행사할 수 있는 중간 단계가 상당히 오래 계속될지도 모릅니다. 이 문제는 일단 뒤로 미루고 선생님은 이 프로젝트의 성공 가능성에 대해서는 어떻게 생각하십니까?"

"빠른중성자를 이용한 천연우라늄의 연쇄반응은 불가능할 것으로 보여요. 따라서 원자폭탄도 그렇게 쉽게 만들어질 것 같지는 않아요. 이것은 매우 다행스러운 일이 아닐 수 없어요. 연쇄 핵분열반응이 일어나려면 순수한 우라늄-235가 있어야 하는데 그것을 생산하려면 엄청난 예산이 필요할 겁니다. 원자폭탄을 만들 수 있는 다른 물질이 존재할지도 모르지만 그것도 그렇게 쉽게 얻을 수는 없을 것 같아요. 그러나 만약 핵분열 과정에서 방출된 모든 중성자를 급격하게 감속시킬 수 있는 감속제를 우라늄과 잘 혼합시킬 수만 있다면 제어 가능한 방법으로 핵분열을 일으키는 건 가능할 거예요. 감속제로는 중성자를 잘 흡수하지 않는 중수나 순수한 탄소로 이루어진 흑연이 적당할 겁니다. 우리는 우라늄원자로를 이용해 연쇄반응을 집중적으로 연구하는 게 좋을 것 같아요."

"그렇다면 선생님께서는 우라늄원자로 연구 비용이 원자폭탄 개발 비용에 비해 훨씬 적을 것이라고 생각하고 있습니까?"

"나는 확실히 그럴 것이라고 믿고 있어요. 천연우라늄에서 우라늄-235를 분리해 내는 것은 엄청나게 비용이 많이 들어가는 기술입니다. 그러나 우라늄원자로는 천연우라늄과 흑연 또는 중수를 몇 톤 정도 생산해 내는 것으로 끝나게 될 문제가 아닐까 해요. 따라서 원자폭탄 쪽이 백 배 내지 천 배 더 들 겁니다."

"선생님 말씀을 잘 알겠습니다. 그리고 매우 안심이 됩니다. 우라늄원자로에 대한 연구는 전쟁이 끝난 다음에도 매우 유용할 것으로 생각됩니다. 전시에 이루어지는 연구를 통해서 젊은이들로 구성된 연구원 그룹이 형성될 것이고 그들은 원자 기술 발전에 크게 기여하게 될 겁니다."

"그렇다면 당신도 히틀러가 승리할 가능성은 계산에 넣고 있지 않는다는 말인가요?"

"솔직히 말해서 저는 상당히 모순된 감정을 가지고 있습니다. 제가 잘 알고 있는 사람들 가운데는, 히틀러가 전쟁에서 이길 거라고 생각하는 사람이 한 사람도 없습니다. 그들은 히틀러를 어리석은 범죄자라고 생각하고 있습니다. 그러나 이것이 사실이라면 히틀러가 이루어 낸 정치적 성공은 도무지 설명할 수 없습니다. 바보 같은 범죄자가 전 국민의 전폭적인 지지를 받는다는 것이 어떻게 가능할까요? 저는 히틀러의 비판자들이 그의 능력을 과소평가하고 있다고 생각합니다. 히틀러는 자신을 비판하는 사람들의 예측이 빗나간 것을 가지고 그들을 공격해 왔습니다. 아마도 그가 또 한 번 성공할지도 모르겠습니다."

"전쟁에서는 힘이 지배하기 때문에 그렇게 되지는 않을 겁니다. 영국과 미국 쪽의 기술적·군사적 잠재력은 독일의 그것과는 비교할 수 없을 만큼 대단합니다. 독일 나치 체제는 폭력성과 특히 인종 문제에서 저지른 죄악으로 인해 종말을 고하게 될 거예요."

"우리는 히틀러의 승리를 바랄 수 없는 것과 마찬가지로 우리나라의 패배를 바랄 수도 없습니다. 히틀러가 살아 있는 한 타협적인 평화는 가능하지 않을 겁니다. 그렇지만 우리가 전쟁 뒤에 재건을 위한 준비를 해야 한다는 것은 틀림없는 사실입니다."

원자핵 관련 실험은 라이프치히와 베를린에서 착수하게 되었다. 하이젠베르크는 라이프치히에서 이루어지는 연구에 참가하면서 카이저 빌헬름 물리학 연구소에서 이루어지고 있던 연구를 알아보기 위하여 베를린도 자주 방문했다. 하이젠베르크는 한스 오일러를 우란프로젝트의 공동 연구원으로 참여시킬 수 없었던 것을 안타깝게 생각했다. 전쟁이 발발한 후 자신이 믿고 있던 공산주의 국가인 러시아가 독일을 침공하자 오일러는 큰 충격을 받았다. 그는 직접 전투에 참여하지는 않는 공군 정찰대에 지원했다. 차라리 격추당하더라도 폭탄을 투하하는 일은 하지 않겠다고 했던 오일러는 정찰 비행을 나갔다가 돌아오지 않았다. 비행기도, 동승했던 다른 병사의 흔적도 찾지 못했다.

15) 새로운 시작을 향해 1941-1945

1941년이 끝날 무렵 독일 원자핵에너지 프로젝트(우란프로엑트)는 원자핵에너지의 기술적 이용을 위한 물리학적 기초를 상당히 광범위하게 밝혀냈다. 그들은 천연우라늄과 중수를 이용하여 에너지를 생산하는 원자로를 건설할 수 있다는 것과, 그 원자로를 가동할 때 만들어지는 우라늄-239를 원자폭탄의 재료로 사용할 수 있음을 알아냈다. 그러나 당시 독일의 형편으로 원자폭탄을 만드는 데 필요한 충분한 양의 우라늄-235를 분리해 낼 수 없었다. 원자로에서 생산되는 우라늄-239를 이용하여 원자폭탄을 만들려고 해도, 그것이 가능하려면 거대한 원자로를 다년간 가동해야 했다.

독일은 원자폭탄이 가능하다는 것은 알고 있었지만 실패할지도 모르는 원자폭탄 개발에 막대한 비용을 투자할 만큼 경제적 여유가 없었다. 하이젠베르크를 비롯한 과학자들은 이것을 다행스럽게 생각했다. 그럼에도 하이젠베르크는 자신이 매우 위험한 일에 관여하고 있다는 느낌을 가졌다. 따라서 그는 옛 동료들과 그들이 하고 있는 일을 계속할 것인지 중단할 것인지에 대하여 자주 의견을 교환했다. 하이젠베르크는 그때 바이츠제커가 했던 말을 오랫동안 기억하고 있었다.

"우리는 아직 원자폭탄의 위험 지대에 들어서지 않았습니다. 그러나 이러한 상황도 시간이 흐르면 바뀔 겁니다. 따라서 우리가 이 일을 계속하는 것이 옳은지 생각해 보아야 합니다. 지금 미국에 있는 물리학자들도 원자폭탄을 만들기 위해 온 힘을 쏟고 있을까요?"

"미국에 있는 물리학자들, 특히 독일에서 이민을 간 물리학자들의 심리 상태는 우리와 다를 거예요. 그들은 나치를 물리치기 위하여 싸워야 한다는 결의를 다지고 있을 겁니다. 그러나 악을 위해서는 허락되지 않는 수단이 선을 위해서는 허락될 수 있는지 생각해 보아야 할 겁니다. 다시 말해 선을 위해서는 원자폭탄을 만들어도 되고, 악을 위해서는 그것을 만들어서는 안 되는 것일까요? 이런 생각이 옳다고 해도 도대체 누가 선과 악을 판단하는 걸까요? 히틀러와 그의 추종자들이 하는 일들은 악이라고 규정할 수 있을 겁니다. 그렇다면 미국이 하는 일은 모두 선이란 말인가요? 나는 미국에 있는 물리학자들이 원자폭탄 연구에 전력을 다하고 있다고는 보지 않아요. 그렇지만 그들도, 우리가 먼저 원자폭탄을 만들지 않을까 하고 불안해할 것은 확실해요."

"선생님이 코펜하겐에 있는 보어 선생님과 한번 상의해 보았으면 좋겠습니다. 보어 선생님께서 우리가 지금 여기에서 하는 일이 잘못된 일이며, 우리 연구를 중단해야 한다고 하신다면 그것은 우리 결정에 큰 도움이 될 겁니다."

하이젠베르크는 코펜하겐에 있는 독일 대사관을 통해 그곳에서 학술 강연을 할 수 있도록 준비했다. 이 여행은 1941년 10월에 이루어졌다. 하이젠베르크는 독일 점령하에 있던 코펜하겐에 있는 보어의 집을 방문했다. 보어가 독일 당국의 감시를 받고 있을지도 모른다는 염려 때문에 두 사람은 집 근처를 산책할 때야 비로소 원자핵 연구에 대한 이야기를 할 수 있었다. 하이젠베르크는 보어에게 이론적으로는 원자폭탄을 만들 수 있다는 것과 원자폭탄을 만드는 데는 엄청난 비용이 필요하다는 것을 이야기했다.

하이젠베르크는 엄청난 비용이 든다는 사실을 강조하려고 했지만 원자폭탄을 만들 수 있다는 이야기에 놀란 보어가 그 이야기는 흘려들었다. 독일 군대가 자신의 나라를 점령한 데 대한 분노가 그로 하여금 오랜 동료마저 신뢰할 수 없게 만들었던 것이다. 하이젠베르크는 독일의 정책이 독일 사람들을 얼마나 철저히 고립 상태로 몰고 갔는지를 새삼 느낄 수 있었다. 하이젠베르크는 수십 년 동안 계속되어 온 보어와의 인간적인 유대마저 전쟁이 끊어 놓았다는 사실에 마음이 아팠다.

코펜하겐에 갔던 하이젠베르크는 보어로부터 아무런 조언도 듣지 못하고 돌아왔다. 하지만 원자폭탄을 만드는 문제는 예상과는 달리 쉽게 매듭지어졌다. 독일 정부가, 1942년 6월 원자로에 대한 연구는 재정에 무리가 가지 않는 범위에서 계속하기로 결정했지만, 원자폭탄을 만드는 것은 포기했던 것이다. 따라서 우란프로엑트에서는 전쟁과 무관한 원자 기술의 개발에 대한 연구가 주를 이루게 되었으며, 이는 전쟁 동안의 어려움 속에서도 매우 유용한 결실을 맺을 수 있었다.

우란프로엑트가 한숨을 돌리게 되자 하이젠베르크의 관심은 전쟁 후의 독일 과학이 어떻게 될 것인가에 모아졌다. 이때의 상황은 카이저 빌헬름 연구소에서 일하고 있던 생화학자 아돌프 부테난트와 하이젠베르크가 나눈 대화를 통해 엿볼 수 있다. 하이젠베르크와 부테난트는 달렘에서 열리던 생물학과 양자역학에 관한 정기적인 토론회에서 자주 얼굴을 대했지만 서로 긴 대화를 나누게 된 것은 공습이 있은 후 베를린의 도심에서 달렘으로 함께 걸어갔던 1943년 3월 1일 밤이 처음이었다. 먼저 부테난트가 하이젠베르크에게 물었다.

"당신은 전쟁이 끝난 뒤 독일에서 학문을 한다는 것에 대해 어떻게 내다보고 계십니까? 많은 연구소들이 파괴되었고 많은 유능한 젊은 학자들이 전사했습니다. 그리고 전쟁 후에 대부분의 사람들에게는 학문보다는 당장 살아가는 문제가 더 절박할 것입니다. 그럼에도 불구하고 독일 과학의 재건은 독일 경제의 장기적인 안정과 유럽 공동체 안에서의 유대를 위해서도 매우 중요하다고 생각합니다."

"사람들은 제1차 세계대전이 끝난 후 독일이 과학과 기술의 공동 작업을 통하여 화학공업과 광학공업 분야 발전에 많이 이바지했던 것을 아직 잊지 않았을 것입니다. 따라서 독일 사람들은 과학 연구가 없이는 현대사회에 참여하기 어렵다는 것을 잘 알고 있을 것입니다. 그러나 나는, 더 중요한 것은 다른 곳에 있다고 생각합니다. 나는 비판적 사고를 길러 줄 수 있는 과학의 교육적인 측면을 더 중요하게 생각하고 싶습니다."

"합리적인 사고를 할 수 있도록 교육하는 일은 전쟁이 끝난 후에 우리가 해야 할 중요한 과제일 것입니다. 확실히 이번 전쟁이 우리나라 사람들을 현실에 눈뜨도록 했음이 틀림없습니다. 그들이 전능하다고 믿고 있던 히틀러는, 없는 자원을 만들어 낼 수 없었고, 사람들을 잘 살게 할 수도 없었습니다. 그가 낙후되도록 버려 두었던 과학과 기술의 발전이 도깨비처럼 갑작스럽게 이루어지지 않는다는 사실도 충분히 깨달았을 것입니다."

"과학 분야의 재건에는 카이저 빌헬름 연구소가 중심 역할을 할 수 있을 것입니다. 대학들은 카이저 빌헬름 연구소에 비하면 정치적인 간섭을 피하기 어려울 겁니다. 따라서 대학들은 좀 더 큰 어려움을 각오해야 할 것입니다. 이 연구소가 전쟁 중에 무기 개발 연구에 참여함으로써 어느 정도 타협을 한 것은 사실이지만 이곳에서 활동하는 많은 사람들은 미국에 있는 과학자들과 우호 관계를 맺고 있습니다. 그들은 독일에서 그리고 저마다 자기 나라에서 우리를 도와줄 준비가 되어 있을 겁니다."

"틀림없이 평화적인 원자 기술 시대가 올 겁니다. 오토 한에 의해서 발견된, 우라늄 분열 과정에서 나오는 원자핵에너지의 이용은 반드시 실현될 것입니다. 전쟁이 끝난 후에는 원자핵에너지의 평화적 이용에 대한 국제적인 협동 연구가 이루어질 것이라고 봅니다."

여기까지 이야기를 하고 부테난트는 달렘으로 그리고 하이젠베르크는 피히테베르크로 향했다. 하이젠베르크는 그의 가족이 머물고 있던 피히테베르크는 공습으로부터 안전할 것이라고 생각하고 있었다. 그러나 하이젠베르크는 멀리서 이웃집들이 화염에 휩싸여 있는 것을 볼 수 있었다. 이웃집을 지나칠 때 하이젠베르크는 도움 요청을 받았지만 가족들의 안부가 급해 그대로 지나쳤다. 하이젠베르크의 집 역시 참담한 모습이었다. 문짝과 덧문들이 대부분 날아가 버린 집 안은 텅 비어 있었다. 하지만 창고에서 불을 끄려고 애쓰고 있던 장모로부터 가족들이 안전하게 대피했다는 사실을 알게 되었다. 하이젠베르크는 그때서야 도움을 청했던 이웃집으로 달려갔다.

그로부터 몇 주일 뒤 하이젠베르크의 가족들은 우르펠트

로 거처를 옮겼다. 공습으로부터 아이들을 보호하기 위해서였다. 달렘에 있는 카이저 빌헬름 물리학 연구소도 공습의 위험이 적은 지역으로 소개하라는 명령을 받았다. 그래서 마땅한 소개지를 물색한 결과 남부 뷔르템베르크에 있는 소도시 헤링겐에 있는 섬유 공장으로 연구소 설비를 옮겼다.

1945년 4월 과수원의 과일나무들이 꽃을 피우기 시작할 무렵 전쟁은 막바지로 치닫고 있었다. 하이젠베르크는, 외국 군대가 진주하면 우르펠트에 있는 가족들을 도울 수 있도록 헤링겐을 떠나기로 미리 연구원들에게 이야기해 두었다. 4월 중순께 해산된 독일군의 마지막 장병들이 헤링겐을 통과하여 동쪽으로 퇴각했다. 어느 날 오후 하이젠베르크는 프랑스군의 전차 소리를 들었다. 이미 남쪽에서는 그들이 헤링겐을 통과하여 라우엔고원 목장의 산등성이까지 진출했다. 하이젠베르크는 연구소의 지하 방공호에서 간단하게 작별 인사를 나누고 새벽 3시경에 우르펠트를 향해 출발했다.

도중에 하이젠베르크는 저공비행기의 기총소사를 여러 번 피해야 했고, 이틀 동안은 기총소사 때문에 거의 야간에만 이동할 수 있었다. 3일 만에 하이젠베르크는 우르펠트에 간신히 도착하여 가족들이 무사한 것을 확인했다. 다음 일주일 동안은 전쟁 종말에 대비하는 준비로 바빴다. 지하실의 창문은 모두 모래주머니로 막았고 그럭저럭 마련한 생활필수품은 모두 집안으로 운반했다. 인근의 주민들은 전부 호수 건너로 피난을 가 버려 집들이 텅 비어 있었다. 5월 4일 미국 육군의 포시 대령이 병사 몇 명을 데리고 하이젠베르크를 체포하러 왔을 때 그는 지칠 대로 지친 수영 선수가 간신히 육지에 발을 다시 디뎠을 때 느낄 수 있는 그런 느낌을 받았다.

16) 과학자의 책임 1945-1950

하이젠베르크는 하이델베르크, 파리 그리고 벨기에를 거쳐 9명의 동료들과 함께 영국에 있는 팜홀이라고 불리는 저택에 억류되었다. 이곳에는 오토 한, 막스 폰 라우에, 발터 게를라흐, 카를 프리드리히 폰 바이츠제커, 카를 비르츠도 함께 있었다. 이곳에 억류되었던 10명의 과학자 중에는 특히 오토 한이 어려운 처지에서도 침착한 태도를 보여 다른 사람들의 신임을 받았다. 따라서 그는 과학자들의 대표로 감시자들과 협상을 하기도 했다. 한편 그들을 감시하던 장교들이 하이젠베르크 일행에게 잘 대해 주었으므로 억류 생활에 별다른 어려움은 없었지만 외부 세계와는 철저히 단절되어 있었다.

외부 세계와 단절되어 있던 그들에게 일본 히로시마에 원자폭탄이 투하되었다는 소식이 전해진 것은 1945년 8월 16일 오후였다. 하이젠베르크를 비롯한 과학자들은 이 소식을 믿을 수 없었다. 그들은 자신들이 25년이라는 긴 세월 동안 심혈을 기울여 발전시킨 원자물리학이 수십만 명이나 되는 무고한 사람들을 죽이는 무기를 만드는 데 사용되었다는 사실을 받아들이고 싶지 않았다. 가장 큰 충격을 받은 사람은 우라늄의 핵분열을 발견한 오토 한이었다. 너무 놀란 나머지 한은 자기 방으로 들어가 아무도 만나려고 하지 않았다.

원자폭탄 소식을 들은 다음 날 바이츠제커와 하이젠베르크는 장미 화단 주위를 산책하면서 과학자의 책임에 대해 의견을 나누었다. 먼저 이야기를 시작한 사람은 바이츠제커였다.

"오토 한이 많이 괴로울 것입니다. 그러나 그가 그렇게 죄책감을 느껴야 할까요? 그가 함께 원자물리학을 연구한 다른 과학자들보다 더 큰 죄책감을 느껴야 할 이유가 어디에 있을까요? 원자폭탄이라는 엄청난 살상 무기의 책임이 전부 과학자들에게 있는 것일까요?"

하이젠베르크가 조용히 대답했다.

"우리는 과학 발전에 참여해 왔어요. 과학 발전은 인류가 오래 전부터 해 온 일이에요. 과학 발전의 결과가 선에도 악에도 이용될 수 있다는 것을 경험을 통해 잘 알고 있어요. 그러나 우리는 과학 발전을 통해 알게 된 지식이 악을 제거하고 선이 승리하는 데 도움이 된다고 믿어 왔어요. 원자폭탄 이전에는 누구도 이 문제를 심각하게 생각하지 않았지만요. 과학 발전에 참여하는 일을 죄라고 할 수는 없을 겁니다."

"원자폭탄을 이유로 과학 발전을 위한 노력을 중단해야 한다고 주장하는 사람들도 나타날 겁니다. 그것은 인류의 생활이 과학 발전에 광범위하게 의지하고 있다는 사실을 모르기 때문에 하는 주장입니다. 지식은 힘입니다. 인간들 사이에 경쟁이 없어지지 않는 한 지식을 더 많이 소유하기 위한 경쟁이 계속될 것입니다. 먼 훗날 세계정부 같은 것이 나타나 국가들 사이의 경쟁이 사라진다면 지식 확대를 위한 노력이 줄어들 수는 있겠지요. 그러나 그것은 지금 우리와는 관계없는 이야기입니다. 당분간은 과학 발전이 계속 필요할 것이고, 그것을 위해 노력하는 과학자들에게 발전의 책임을 물을 수는 없을 겁니다."

하이젠베르크는 과학의 발전이 한 개인에 의해 주도되는 것이 아니라고 말했다.

"아인슈타인이 상대성이론을 발견하지 못했다고 해도 푸앵카레나 로렌츠 같은 사람들에 의해 발견되었을 것이고, 한이 우라늄의 핵분열을 발견하지 못했다고 해도 몇 년 후에 페르미나 졸리오 퀴리가 그것을 알아냈을 거예요. 이것은 그들의 업적을 깎아내리려고 하는 이야기가 아니에요. 다만 결정적인 한 걸음을 먼저 내디뎠다고 해서 그 사람에게 모든 책임을 물을 수는 없다는 이야기를 하려는 겁니다. 그 개인은 역사적인 발전 과정 중에 그 자리에서 자기의 임무를 성실하게 수행했을 뿐이지 그 이상 아무것도 아니에요."

바이츠제커는 발견과 발명을 구분해야 한다고 이야기했다.

"저는 발견과 발명을 구분해야 한다고 생각합니다. 발견자는 자신의 발견이 어떻게 사용될지 알지 못합니다. 발견이 실용적으로 이용될 때까지는 오랜 시간이 걸리기 때문입니다. 따라서 그들에게 발견으로 인한 결과를 책임지라고 할 수는 없을 겁니다. 그러나 발명자는 자신의 발명이 어떻게 사용되는지 어느 정도 예측할 수 있습니다. 따라서 발명으로 인한 결과에 대해 어느 정도 책임을 져야 할 것입니다. 물론 발명자의 경우에도 누군가 하게 될 일을 한 걸음 먼저 했을 뿐이라고 생각합니다. 그리고 때로는 사회적이고 정치적인 압력에 의해 발명에 참여한 경우도 있을 것입니다. 따라서 어느 정도의 책임이라고 말한 겁니다."

"그렇다면 원자폭탄을 만든 것은 발견과 발명 중 어디에 속할까요?"

"원자핵 분열을 알아낸 한의 실험은 발견이었고, 원자폭탄을 만든 것은 발명이었다고 할 수 있겠지요. 따라서 원자폭탄을 만든 미국 과학자들은 어느 정도 책임을 져야 할 것입니다. 물론 그들도 개인의 이익을 위해서가 아니라 정치 지도자들의 요구에 의해 행동했을 겁니다. 선생님은 미국에서 이루어진 원자폭탄의 제조를 어떻게 생각하고 계십니까?"

하이젠베르크는 미국 과학자들의 고충을 이해할 수 있다

고 말했다.

"전쟁 초기에는 미국 과학자들이, 독일이 먼저 원자폭탄을 만들 수도 있다는 것을 몹시 두려워했을 겁니다. 그것은 충분히 이해할 수 있는 일이에요. 히틀러가 우수한 과학자들을 추방하기 전에는 독일의 과학 수준이 미국보다 앞서 있었으니까요. 따라서 그들은 원자폭탄으로 히틀러가 승리하는 것을 가만히 앉아서 보고만 있을 수 없었겠지요. 나치가 강제수용소에서 벌인 일들을 생각하면 그들이 느꼈을 두려움을 충분히 이해할 수 있어요. 독일이 항복한 후에는 물리학자들이 원자폭탄의 사용을 중지하라고 요구했겠지만 그때는 이미 원자폭탄이 그들의 영향력을 벗어난 후였을 겁니다. 독일에 있으면서도 나치의 만행을 막지 못했던 우리로서는 그들을 비판할 자격이 없다고 생각해요."

"이런 큰일이 있은 다음에는 그것을 옹호하는 계산들이 쏟아져 나올 것입니다. 예를 들어 원자폭탄 투하로 아군의 희생을 얼마나 줄였는지, 전쟁 기간을 얼마나 단축시켰는지, 그로써 경제적으로 어떤 이익을 보았는지 하는 계산들 말입니다. 그러나 그런 계산들은 훗날 나타날 훨씬 더 중요한 국제적 역학 관계의 변화를 고려한 게 아니기 때문에 별 의미가 없습니다. 원자폭탄은 앞으로의 국제 질서에 큰 영향을 줄 것이 틀림없습니다."

하이젠베르크는 바이츠제커의 생각에 동의했다.

"과학기술의 진보는 틀림없이 기술을 소유한 강대국의 영향력을 확대할 것이고 약소국들은 몇몇 강대국들의 영향력 아래에 놓이게 될 거예요. 대서양 건너편에 있는 미국이 두 번의 세계대전에 참전한 것도 영향력의 확대라는 측면에서 이해해야 해요. 강대국들은 그들의 영향력을 경제적인 면과 문화적인 면에서만 행사하는 것이 바람직할 겁니다. 폭력을 이용해 상대국 내정에 간섭하는 강대국은 다른 나라들의 비난을 받을 테니까요. 이런 측면에서 보면 미국이 원자폭탄을 일본에 투하할 것인지를 결정할 때 많은 사람들이 미국에 대해 가지고 있던 희망도 고려해야 했어요. 원자폭탄 투하로 미국은 경쟁국들로부터 비난을 받게 되겠지요. 더구나 미국은 원자폭탄이 아니더라도 일본과의 전쟁에서 승리할 수 있었기 때문에 원자폭탄 투하는 힘의 과시로밖에는 여겨지지 않을 겁니다."

"그렇습니다. 원자폭탄 투하는 미국이 가지고 있는 장점을 약화시키고, 미국의 세계적 사명에 대한 신뢰를 떨어뜨렸습니다. 우리 이야기가 많이 다른 방향으로 흐른 것 같습니다. 우리는 과학 발전에서 과학자의 책임이 어디까지인지를 이야기하고 있었습니다."

"어쨌든 우리는 과학기술의 진보를 위해 일생을 바치는 사람들도 자신이 하는 일의 윤리적 측면에 대해 생각해야 한다는 것을 알게 되었어요."

"과학자들도 자신의 발견이나 발명이 미치는 영향력에 대해 생각해 보고 행동해야 할 겁니다. 미국의 물리학자들은 원자폭탄 사용의 결정권을 너무 쉽게 포기해 버렸습니다. 그들은 원자폭탄 사용에 훨씬 더 많은 영향력을 행사할 수 있어야 했습니다."

"나는 아직도 미국 물리학자들이 왜 비난받아야 하는지에 대해 알지 못하겠어요. 원자폭탄에 대한 책임으로부터 자유로운 우리는 미국 과학자들보다 단지 운이 좋았을 뿐이라는 생각이 들어요."

하이젠베르크와 그의 일행이 억류 생활을 끝내고 독일로

돌아온 것은 1946년 1월이었다. 독일로 돌아온 그들은 곧 독일의 과학을 재건하는 일을 시작했지만 그것은 생각보다 어려운 일이었다. 그들은 파괴된 연구 시설과 와해된 조직을 재건하려고 했지만 경제적 어려움과 점령군의 간섭으로 생각처럼 일이 진척되지 않았다. 그럼에도 불구하고 그 시기는 하이젠베르크에게 행복한 시절이었다. 그때는 나치 독일에서와는 달리 모든 것이 가능했다. 그리고 시간이 지남에 따라 일들이 조금씩 풀리기 시작했다. 점령군의 간섭은 어느 사이에 원조로 바뀌었고, 그것은 독일이 국제사회의 일원이라는 자각을 갖게 했다.

1947년 여름에 하이젠베르크에게는 조금 엉뚱한 사건이 있었다. 소련이 하이젠베르크와 오토 한을 소련의 점령 구역으로 납치하려고 한다는 정보를 입수한 영국 첩보 기관이 그들을 한동안 격리시켰던 것이다. 하이젠베르크는 이 격리 기간에 비밀리에 코펜하겐으로 가서 보어와 만났다. 두 사람은 1941년에 원자폭탄과 관련해 이야기했던 것을 떠올렸지만 그들은 서로 다른 기억을 가지고 있다는 것을 확인해야 했다. 두 사람이 나눈 이야기의 내용뿐만 아니라 이야기를 나눈 장소에 대한 기억도 달랐다. 그래서 그들은 과거의 망령들은 과거에 묻어 두는 것이 좋겠다고 생각했다.

따라서 그들의 대화는 물리학에서 최근에 이루어진 발견으로 옮겨 갔다. 보어는 그때 영국의 실험물리학자인 세실 파월로부터 받은, 파이 중간자의 궤적이 나타나 있는 사진을 한 장 가지고 있었다. 그들은 파이 중간자와 원자핵 안에서 작용하는 힘 사이의 관계에 대해 의견을 교환했다. 두 사람은, 앞으로 수명이 짧은 수많은 입자들이 발견될 것이라고 생각했다. 하이젠베르크는 괴팅겐에서 이 새로운 세계에 도전해 보기로 마음먹었다.

괴팅겐으로 돌아온 후에 소련이 그를 납치하려 했다는 정보는 영국 첩보 기관에 취직하기 위해 한 젊은이가 날조한 것이었음이 밝혀졌다. 그 젊은이의 계획은 처음에는 성공하는 듯 보였지만 결국 그의 계획이 탄로 나고 말았다. 이 사건은 오랫동안 과학자들에게 재미난 이야깃거리가 되었다.

90세가 지난 나이에도 독일 과학의 재건에 적극적으로 참여했던 플랑크가 세상을 떠난 후 그의 이름을 따서 명명된 막스플랑크 연구소가 과거 카이저 빌헬름 연구소가 했던 일을 맡게 되었다. 오토 한이 이 연구소의 초대 소장이 되었다. 하이젠베르크는 과학과 기술의 진보가 도시나 사업의 재건뿐만 아니라 독일과 유럽의 사회구조에도 영향을 미친다고 생각했다. 따라서 그는 공공사업에서 과학이 주도권을 행사할 수 있도록 하고 싶었다. 하이젠베르크는 학문 연구에 더 많은 투자를 하는 것은 환영했지만 학문과 정치를 따로 분리하는 것은 바람직하지 않다고 생각했다.

17) 실증주의, 형이상학 그리고 종교 1952

1952년 초여름에 코펜하겐에서 열린, 유럽의 거대 입자가속기 건설을 위한 회의를 계기로 양자역학을 함께 개척했던 옛 동료들이 다시 모일 수 있었다. 하이젠베르크는 큰 에너지를 가진 두 소립자의 충돌로 수많은 소립자들이 생성되는 것을 확인하고 싶었기 때문에 가속기 건설에 큰 관심을 가지고 있었다. 보어의 저택에서, 취리히에서 온 파울리와 괴팅겐에서 온 하이젠베르크가 25년 전에 그들이 만들어 낸 양자이론에 대한 해석이 과학자들에게 어떻게 이해되고 있는지에 대해 이야기했다. 이야기를 시작한 사람은 보어였다.

"얼마 전 코펜하겐에서 실증주의 경향이 짙은 철학자들의 학회가 있었어요. 내가 이 학회에서 양자이론을 해설하는 강의를 했는데, 강의가 끝난 다음에 반대 의견도 어려운 질문도 없었어요. 그것은 그들이 양자이론을 이해하지 못했기 때문일 거예요. 그것은 또한 내 강의가 서툴렀다는 의미이기도 하겠지요."

파울리가 보어의 말에 이의를 달았다.

"저는 그렇게 생각하지 않습니다. 실증주의자들의 우상인 비트겐슈타인의 말에 이런 것이 있습니다. '세계는 일어난 일의 전부이다.' '세계는 사실의 총체이지 사물의 총체가 아니다.' 이런 견지에서 보면 사실을 서술하기만 하면 어떤 이론도 받아들여져야 합니다. 실증주의자들은 양자역학이 원자 현상을 올바르게 서술하고 있다는 것을 알고 있을 것입니다. 그렇다면 양자역학에 의문을 가질 아무런 이유를 발견할 수 없을 것입니다. 그들에게는 상보성, 불확정성과 같은 이야기는 불확실한 사족으로밖에는 보이지 않을 겁니다. 그래서 그들은 그러한 것들에 대해 진지하게 생각하지 않고, 기껏해야 무해무득한 것으로 여기고 있을 겁니다. 그와 같은 식의 이해도 논리적으로 앞뒤가 잘 맞을 수 있습니다. 하지만 그들은 자연을 이해한다는 것의 의미를 다시 생각해 보아야 할 겁니다."

하이젠베르크가 보충 설명을 했다.

"실증주의자들은 이해가 예측 능력과 같은 뜻이라고 생각하고 있을 겁니다. 특수한 경우에 대해서만 예측할 수 있으면 단편적으로 이해했다고 생각하고, 여러 가지 결과를 예측할 수 있으면 전반적으로 이해했다고 생각할 거예요. 그들은 단편적인 이해와 전반적인 이해는 구별하지만 이해와 예측 사이의 정성적인 차이는 구별하지 않습니다."

"그렇다면 당신은 예측과 이해를 어떻게 구별하고 있나요?"

"저는 이 부분에 관한 한 분명하게 말씀드릴 수 있습니다. 다음과 같은 비유가 적절하다고 생각합니다. 우리는 여러 가지 방법으로 하늘에 날고 있는 비행기의 미래 위치를 예측할 수 있습니다. 그러나 그것만으로는 비행기의 궤도를 이해했다고 할 수 없을 겁니다. 비행사의 비행 계획을 알았을 때 우리는 비행기의 궤도를 이해했다고 할 수 있습니다. 다시 말해 비행기가 그러한 궤도로 날아가는 이유를 알아야만 비행기의 궤도를 이해한 것입니다."

보어는 하이젠베르크의 의견에 절반만 동의했다.

"그러나 그런 설명을 물리학에 도입하는 것은 어려울 겁니다. 오랫동안 사람들은 고대로부터 내려온 기본적인 원리에 대해서만 토론했을 뿐 개개의 경험에는 관심을 기울이지 않았어요. 옛 원리는 새로운 경험을 받아들이지 못했기 때문에 더 이상의 진전을 이룰 수 없었어요. 17세기가 되어서야 옛 권위로부터 해방되어 개별적 경험 사실에 대한 실험 연구를 시작하게 되었지요. 과학 관련 단체들이 처음 설립되었을 때는 실험 연구를 중요하게 생각한 나머지 전체적인 연관성, 즉 기본 원리에 대해서는 이야기하지 못하도록 하고 개별적 실험 결과만 발표하도록 했어요. 그것은 모든 것을 아리스토텔레스가 제시한 기본 원리로부터 연역해 내려고 했던 오랜 전통에서 벗어나기 위한 조치였을 겁니다.

뉴턴은 자신을 '진리의 바닷가에서 조금 더 예쁜 조개를 발견하고 즐거워하는 어린아이 같다'고 했어요. 이 말 역시 당시의 시대정신을 나타내고 있어요. 물론 뉴턴은 자신이 말한 것보다 훨씬 더 큰일을 했지만요. 우리는 그동안 이러한 태도로부터 많은 진전이 있었다는 것을 잘 알고 있어요. 실증주의자들은 근대 자연과학의 발달을 정당화하려고 애쓰고 있어요. 그들은 철학에서 사용했던 개념들이 자연과학에서 사용되는 개념들보다 정확성이 없다는 이유로 철학적 논의들을 무의미한 것으로 간주하고 있어요. 모든 명제가 명료해야 한다는 그들의 주장을 충분히 이해하지만 진정한 의미에서 명료하다는 개념은 존재하지 않으므로 전체적인 연관성에 대한 추상적인 논의를 금지하려는 그들의 주장을 받아들일 수는 없어요. 자칫하면 이것이 양자이론마저도 이해할 수 없게 만들 수 있으니까요."

파울리가 반문했다.

"물리학은 한편에서는 실험과 측정을 하고, 한편에서는 수학적 분석을 합니다. 선생님의 말씀은 실험과 수학을 통해 알아낸 사실을 철학적인 용어로 설명하기 위해서도 노력해야 한다는 뜻이로군요. 실증주의자들은 바로 이런 점을 간과하고 있는 것 같습니다. 그것은 양자이론에 대한 철학적 논의에서는 정확한 개념들을 사용할 수 없다고 보기 때문입니다. 실험물리학자들은 자신들의 실험 결과를 좀 더 의미가 명확한 고전물리학의 언어로 설명해야 하는 어려움을 가지고 있습니다. 이런 점을 무시해서는 안 된다고 생각합니다."

파울리의 설명에 하이젠베르크가 덧붙였다.

"실증주의자들은 전체성이나 합목적성 같은 개념을 비과학적인 것으로 치부하고 있습니다. 그들은 이런 개념을 포함하는 명제는 증명할 수 없는 명제라고 주장합니다. 그들은 형이상학이라는 말을 불분명한 사고 과정이라고 낙인찍어 버렸습니다."

"명확한 의미를 가진 언어에만 국한한다면 더 이상 할 말이 없어요. 예를 들어 양자이론이, 상보성이라는 불명확해 보이는 개념을 이용해 자연을 파동과 입자의 이중성으로 서술하는 것을 허용하기 때문에 그들에게는 불만스러울 수밖에 없는 거예요. 그러나 양자이론을 이해하고 있는 사람들은 이 이론이 원자 현상들의 통일적인 기술이라는 것을 알고 있어요. 다만 그것을 실험에 적용시켜 일상 언어로 번역할 경우에는 불분명해 보일 수밖에 없지요. 양자이론은 사실들의 관련성을 분명하게 이해할 수 있도록 하지만 그것을 말로써 표현할 때에는 추상과 비유로써만 가능해요. 추상이나 비유는 본질적으로 고전적인 개념이고 따라서 입자나 파동도 고전적인 개념이에요. 그러므로 이것들은 실제적인 원자를 나타낼 수 없으며, 부분적으로는 상보적이기도 하며, 서로 모순되는 것처럼 보이기도 하지요. 그럼에도 불구하고 현상을 기술하려면 일상 언어를 사용하지 않으면 안 돼요. 이것은 아마도 철학적인 문제에서도 아주 비슷할 겁니다. 우리들은 우리가 실제로 생각하고 있는 것과 딱 들어맞지 않는 비유를 사용해서 설명해야 하는 경우가 많아요. 우리는 이런 방법으로 실제적인 사실에 다가가려고 노력하고 있어요."

그날 저녁 하이젠베르크는 파울리와 둘이서 선창가를 산책하면서 이 대화를 좀 더 계속했다. 어둠 속에서 나가고 들어오는 배들을 바라보면서 파울리가 먼저 이야기를 시작했다.

"당신은 오늘 보어 선생님이 하신 실증주의자들에 대한 비판을 어떻게 생각하나요? 나는 당신이 실증주의자들에 대해서는 보어 선생님보다 한층 더 비판적이라고 생각하고 있는데요."

"그건 나도 잘 모르겠어요. 보어 선생님은 고대철학, 특히 신학의 언어를 사용하는 것을 꺼리고 있어요. 그러나 나는 옛 종교의 전통적인 언어를 아무런 저항감을 느끼지 않고 사용하고 있으며, 옛날의 문제들을 다시 문제 삼는 데에도 주저함이 없어요."

"예측의 가능성을 진리의 기준으로 삼는 것은 말이 안 돼요. 그렇다면 자연과학에서 진리라고 하는 것은 도대체 무엇일까요?"

"그 문제는 프톨레마이오스의 천문학과 뉴턴역학을 비교해 보면 잘 알 수 있어요. 예측의 가능성 측면에서 본다면 프톨레마이오스의 천문학이 뉴턴역학에 견주어서 그렇게 떨어지는 것이 아니에요. 그러나 뉴턴은 천체의 궤도를 그의 운동방정식을 이용해 더 정확하게 정식화했어요. 따라서 그의 이론은 자연의 의도를 올바르게 표현했다는 인상을 받게 하지요. 또 물리학의 모든 영역에서 대칭성이 발견되었다면 대칭성이야말로 자연을 창조한 계획의 기본 요소라고 말할 수 있을 거예요. 이때 내가 사용한 계획이라든가 창조되었다는 말들은 인간의 언어에서 가져온 것이므로 기껏해야 은유로밖에는 사용될 수 없을 겁니다. 하지만 그것으로 실체에 가깝게 다가갈 수 있음을 우리는 잘 알고 있어요."

"맞아요. 그렇게 되면 실증주의자들은 당신이 불분명한 쓸데없는 소리를 한다고 비난할 것이고, 그와 같은 일은 절대로 일어날 수 없다고 자신만만해할 겁니다. 그러나 진리란 도대체 어디에 더 많이 존재한단 말입니까? 보어 선생님이 말씀한 것같이 심연 속에 진리가 숨어 있다면 어디에 심연이 있으며 어디에 진리가 있단 말인가요?"

휘황찬란한 여객선이 지나갔기 때문에 두 사람의 대화는 잠시 중단되었다. 하이젠베르크는 혼자 생각에 잠겼다. 실증주의자들은 이런 경우에 대비하여 분명하게 말할 수 있는 부분이 있고 침묵을 지켜야 할 부분이 있다는 식의 해결 방법을 가지고 있다. 따라서 그들은 양자역학과 관련된 문제에는 침묵을 지키려 할 것이다. 이보다 더 무의미한 철학이 또 있을까? 사람들에게는 어느 하나도 명확하게 말할 수 있는 것이 없다. 모든 불분명한 것을 제거해 버린다면 아무 의미도 없는 동어반복만 남을 것이다. 배가 지나가고 나서 파울리가 다시 이야기를 계속했다.

"자연과학에서 중심질서는, 자연이란 이와 같은 계획에 따라 창조되었다고 말할 수 있는 것을 말해요. 여기서 진리는 종교에서 의미하는 진리와 연결되는 것입니다. 나는 이 전체적인 연관성을, 양자역학을 이해하고 나서 더 잘 파악할 수 있게 되었어요. 양자역학은 수학적 언어를 사용하여 광범위한 통일적 질서를 정식화할 수 있어요. 그러나 일상 언어로 양자역학의 성과를 기술하려고 할 때는 비유에 의존하거나 외견상 역설이나 모순처럼 보이는 듯한 어려움을 감수할 수밖에 없어요."

"당신은 중심질서가 관통된다는 표현을 자주 사용하는데 관통된다는 것은 무엇을 뜻합니까? 중심질서가 있으면 있고 없으면 없는 것이지 관통된다는 것은 무슨 뜻인가요?"

"나는 매우 평범한 사실을 말하고 있을 뿐이에요. 겨울이 지나가면 다시 들에 꽃이 피고, 전쟁이 끝나면 다시 거리는 재건됩니다. 무질서해 보이는 많은 것들이 반복해서 질서 있는 상태로 되돌아간다는 것을 뜻할 뿐입니다."

"당신은 인격적인 신을 믿고 있나요? 이 물음 자체에 명확한 의미를 부여하는 것이 어렵다는 것은 알고 있지만 내가 무엇을 묻고 있는지 알 겁니다."

"내가 그 물음을 조금 달리 표현해도 좋다면 그것은 이런 질문이 되겠지요. 우리가 중심질서와 직접 대면하고 접촉할 수 있느냐 하는 것입니다. 이 질문에 나는 그렇다고 대답할 수 있어요."

"그렇다면 당신은 중심질서가 사람의 영혼과 마찬가지로 분명하게 존재한다고 생각하고 있나요?"

"나는 그렇게 생각해요."

"내가 당신의 생각에 전적으로 동의할 수 있는지는 나 자신도 잘 모르겠군요. 하지만 자신의 경험을 너무 과대평가해서는 안 될 겁니다."

"여기서 다시 우리들의 출발점인 실증주의 철학으로 되돌아가 보기로 할까요? 확실하지 않은 것은 이야기하지 말라는 실증주의 철학의 금지 조항을 받아들인다면 지금까지 우리가 말한 모든 것이 의미 없는 게 될 겁니다. 우리가 연구해 온 양자역학에서는 명확한 의미를 가지고 있는 언어로 표현할 수 있는 것이 아무것도 없으니까요. 당신은 이 철학이 가치의 세계와는 어떤 관계를 가지고 있다고 생각합니까? 실증주의 철학 안에서는 윤리를 어떻게 이끌어 낼까요?"

"물론 그렇게 보일지도 모르지만 역사적으로는 그 반대입니다. 오늘 우리가 이야기한 실증주의는 실용주의의 윤리적인 태도로부터 시작된 것입니다. 실용주의는 우선 자기 주변의 일부터 개개인이 책임지고 처리해 나가라고 가르치고 있습니다. 나는 이 점에서 실용주의가 많은 종교의 가르침보다 훨씬 낫다고 생각합니다. 종교에서는 스스로 해결할 수 있는 경우에도 절대적인 힘에 자신을 복종시키라고 가르치기 때문입니다. 뉴턴역학에서는 개별 사건에 대한 세심한 연구와 전체에 대한 조망이 함께 작용하고 있었어요. 그러나 실증주의는 전체적인 연관성을 보려 하지 않고, 전체적인 연관성에 대해 이야기하는 것을 애매모호한 것으로 매도하는 과오를 범했어요."

"보어 선생님이 말씀하신 것처럼 과학에서는, 실증주의자들이 주장하는 개별적인 것에 대한 정확한 관찰과 언어의 명확성을 흔쾌히 받아들이고 있어요. 그러나 확실하지 않은 것은 이야기하지 말라는 그들의 신조는 극복하지 않으면 안 돼요. 전체적인 연관성에 관해서 토론하고 고찰하는 것을 금지

한다면 우리가 올바르게 나아갈 수 있도록 방향을 잡아 주는 나침반을 잃게 될 것이기 때문이에요."

두 사람은 여기까지 이야기를 마치고 보어의 저택으로 돌아왔다.

18) 정치와 과학의 대결 1956-1957

전쟁이 끝나고 10년이 지나서야 심했던 파괴의 흔적들이 복구되었다. 적어도 서독에서는 재건이 상당 부분 이루어져, 빠르게 발전하고 있던 원자력 기술 연구에 독일이 참여하는 것도 고려해 볼 수 있게 되었다. 1954년 가을 하이젠베르크는 정부의 위촉을 받고 워싱턴에서 열린 독일의 원자 기술 사업의 재개에 관한 협상에 참석하게 되었다. 독일이 전쟁 중에 원자폭탄 제조에 관한 지식을 가지고 있었는데도 원자폭탄을 만들기 위한 어떠한 시도도 하지 않았다는 사실이 이 회의에서 유리하게 작용했다. 이로 인해 독일에 작은 원자로를 건설하는 것이 허용되었다.

따라서 독일 내부에서도 이 분야의 장래에 대한 진로를 결정하지 않으면 안 되었다. 첫 번째 과제는 물리학자들이나 엔지니어들 그리고 독일의 산업계가 협력하여 연구용 원자로를 건설하는 것이었다. 카를 비르츠가 이끌고 있던 괴팅겐의 막스플랑크 물리학 연구소의 연구팀이 이 프로젝트에서 중요한 역할을 맡았다. 이곳에는 전쟁 중에 이루어졌던 원자로 개발에 관한 모든 자료들이 보관되어 있었고, 논문이나 학술회의를 통해 발표된 연구 결과들이 축적되어 있었다.

하이젠베르크는 연구용 원자로를 뮌헨 근교에 건설해야 한다고 주장했지만 그의 의도와는 달리 카를스루에에 건설하기로 결정되었다. 하이젠베르크는 카를스루에에 건설되는 원자로가 시간이 흘러감에 따라 다른 목적에 사용하기를 원하는 사람들에게 장악되는 일이 일어나는 것은 아닐지 염려했다. 평화적인 원자 기술과 원자무기 기술 사이의 경계가 원자 기술과 원자의 기초연구의 경계와 마찬가지로 매우 불분명했기 때문이다.

핵무장이야말로 외부의 위협으로부터 국가의 안보를 지켜내는 꼭 필요한 수단이어서 독일도 원자폭탄의 보유를 배제할 수 없다는 의견이 정계나 재계에서 논의되기 시작했다. 하이젠베르크는 어떤 형식으로든 원자무기를 가지려고 노력하는 것은 백해무익하다고 확신하고 있었다. 전쟁 중에 독일 사람들의 행동에서 비롯된 공포심으로 인해 많은 나라들이 독일 사람들 손에 핵무기를 맡기는 것은 시기상조라고 생각한다는 것을 잘 알고 있었기 때문이다. 하이젠베르크는 이 문제에 대해 바이츠제커와 많은 대화를 나누었다.

"당신은 원자로 연구에 대한 장래에 대하여 어떻게 생각하고 있나요?"

"우리가 알고 있는 비르츠는 원자 기술의 평화적 이용을 관철시키려고 온 힘을 다할 인물입니다. 그러나 개인의 힘으로는 어쩔 수 없는 강력한 압력이 작용할는지도 모를 일입니다. 우리는 정부로부터 원자무기의 생산은 전혀 고려의 대상이 아니라는 구속력 있는 성명을 얻어 내도록 힘써야 할 것입니다. 그러나 정부는 되도록 많은 가능성을 열어 놓고 싶어 하기 때문에 자신들의 손발이 묶이는 일은 피하려 할 것입니다. 따라서 기껏해야 구속력이 없는 성명 정도만 가능할 겁니다. 그러나 구속력 없는 성명이 무슨 의미가 있습니까? 선생님은, 지난해 마이나우섬에서 물리학자들이 발표한 성명서에

서명하신 일이 있지 않습니까? 선생님은 그 성명에 만족하고 계십니까?"

"내가 그때 성명에 동참한 것은 사실이지만 나도 그런 성명에 반대합니다. 평화를 사랑하고 원자폭탄을 반대한다는 걸 공공연하게 주장하는 것은 아무리 생각해도 어리석은 일입니다. 사람이라면 누구나 평화를 사랑하고 원자폭탄을 싫어할 것인데 새삼스럽게 학자들이 성명을 낼 필요가 없다고 생각합니다. 정부는 그들의 정치적인 계산까지 포함시켜서 자신들도 평화를 원하고 원자폭탄에 반대한다고 주장하겠지만 이 경우의 평화는 자국에게만 유리한 평화를 뜻할 것입니다. 그런 성명을 통해서는 아무것도 얻을 수 없을 거예요."

"적어도 대중들만큼은 전쟁 억제를 위해 핵무기가 필요하다는 주장이 얼마나 불합리한 것인지를 깨닫게 되지 않을까요? 그런 효과라도 기대하지 않았다면 선생님도 거기에 서명하지 않으셨을 게 아닙니까?"

"그것은 그렇겠지요. 그러나 구속력이 없는 성명은 아무 효과가 없어요. 나는 최근에 정부의 한 인사로부터 만약 프랑스가 원자무기를 개발한다면 독일도 원자폭탄을 개발할 권리가 있다고 말하는 것을 들었어요. 물론 나는 즉각 반대했지만 그 논지에서 내가 놀란 점은 그것이 지향하고 있는 목표가 아니라 그 전제였어요. 그는 원자무기를 소유하는 것이 우리에게 정치적으로 유리하다는 것을 이미 자명한 사실로 여기고 있었으며 문제는 어떻게 이 자명한 목표를 달성하느냐 하는 것이었지요. 이런 생각을 가진 사람들은 자신들의 의견에 반대하는 사람들을 형편없는 이상주의자라고 여기고 있어요."

"저는 다른 나라의 원조에만 기대하는 완전히 수동적인 태도와 자체 핵무장 사이에 많은 중간 단계가 있을 수 있다고 생각합니다. 어쨌든 우리는 여기서 잘못된 방향으로 나아가는 것을 막기 위해 할 수 있는 일은 다해야 합니다."

"그것은 아마 매우 어려울 겁니다. 내가 지난 몇 년 동안에 배운 것이 있다면 사람들은 정치와 학문을 아울러 잘 해 나갈 수 없다는 점이에요. 어쨌든 나로서는 그것이 매우 힘든 일이었어요. 학문에서와 마찬가지로 정치에서도 온 힘을 쏟는 자만이 승리를 거두게 될 거예요. 두 마리 토끼를 아울러 쫓을 수는 없는 법이지요. 따라서 나는 학문으로 돌아갈 생각이에요."

"그것은 옳지 않습니다. 정치는 정치 전문가들이 할 일인 동시에 모든 사람들의 의무이기도 합니다. 선생님이 여기서 도망치실 수는 없을 겁니다. 적어도 그것이 양자역학의 성과에 의해서 빚어지는 일이라면 더욱 그렇습니다."

이 대화가 있었던 1956년 여름 하이젠베르크는 심한 피로를 느꼈고 자신의 건강에 문제가 생겼다는 것을 깨달았다. 하이젠베르크는 당분간 충분한 휴식을 갖기로 했다. 그래서 그는 가족과 함께 덴마크의 셸란섬에 있는 작은 해수욕장 리젤레의 별장으로 갔다. 그곳은 보어의 여름 별장에서 고작 10킬로미터 정도 떨어져 있었다. 하이젠베르크는 이 기회에 보어에게 손님으로서 부담을 주지 않고 많은 시간을 그와 함께 보낼 수 있었다. 덴마크에서 돌아온 하이젠베르크는 몇 주일 동안 심하게 앓았고, 오랫동안 병상에 누워 있어야만 했다.

따라서 바이츠제커가 다른 친구들과 함께 정부를 상대로 벌였던 정치적인 토론도 멀리서 지켜볼 수밖에 없었다. 하이젠베르크가 병상에서 일어나자 그의 집에서 훗날 괴팅겐의 18인회라고 불리게 되는 모임을 가졌다. 거기서 당시의 국방부 장관이며 전 원자력 장관이었던 슈트라우스에게 보내는 서한의 초고가 작성되었다. 그 서한에는, 그들이 만약 만족스러운 회답을 얻지 못할 경우 핵무장에 관한 기술적인 연구에 절대로 참여하지 않겠다는 내용이 담겨 있었다. 이 서한을 작성하는 데는 바이츠제커가 주도적인 역할을 했다.

한동안 병석에서 고생하던 하이젠베르크는 핵무장 문제에 관한 정치적 토론이 난관에 봉착해 있다는 사실을 알게 되었다. 정부는 물리학자들에게 정책 방향을 뚜렷하게 제시하지 않았다. 그것은 그런대로 이해하지 못할 바가 아니었지만 뜻하지 않게 잘못된 방향으로 접어들 수 있다는 물리학자들의 불안감은 커졌다. 그 무렵 아데나워 수상은 어느 공적인 연설에서 원자무기는 근본적으로는 일반 화기의 개량에 지나지 않을 뿐이며 통상적인 무기와 비교해 파괴력이 조금 클 뿐이라고 말했다. 그 같은 표현을 물리학자들은 받아들일 수 없었다. 왜냐하면 그 말이 원자폭탄에 대한 독일 국민들의 생각을 바꾸어 놓을 수 있기 때문이었다.

따라서 물리학자들은 행동을 하지 않으면 안 되겠다는 생각을 갖게 되었다. 특히 바이츠제커는 공개 성명을 발표해야 한다고 주장했다. 물리학자들은 그들의 성명이 평화를 사랑하고 원자폭탄에 반대한다는 일반적인 원칙을 천명하는 정도에 그쳐서는 안 된다는 데 의견을 같이했다. 그들은 자신들이 이룰 수 있는 두 가지 구체적인 목표를 설정했다. 하나는 독일 국민들에게 원자무기의 영향력에 대하여 충분히 알려야 하며, 원자무기에 대한 유화책이나 얼버무리는 모든 시도를 배척해야 한다는 것이었다. 다른 하나는 핵무장 문제에 대한 정부의 태도를 바꾸도록 해야 한다는 것이었다. 물리학자들이 원자무기에 관한 어떠한 협력도 거부할 권리가 있다는 점을 분명히 한다면 그들의 성명이 한층 무게를 갖게 될 것이라고 생각했다.

물리학자들의 성명은 1957년 4월 16일 신문 지상을 통해 발표되었다. 그 성명으로 인해 많은 사람들이 원자무기에 대해 진지하게 생각하게 되었기 때문에 그들의 첫째 목표는 달성된 것으로 보였다. 그러나 독일 정부의 태도는 애매했다. 아데나워 수상은 괴팅겐 그룹의 몇 명에게 본에서 회합을 갖자고 요청했다. 하이젠베르크는 이를 거절했다. 쌍방의 견해를 좁힐 수 있는 새로운 방안이 나오리라고 기대할 수 없었고, 한편으로는 그의 건강 상태로는 이 같은 힘든 대결을 이겨 낼 자신이 없었기 때문이었다. 그러자 아데나워 수상이 하이젠베르크에게 전화로 설득을 시도했다.

아데나워는 지금까지 서로가 근본적인 문제에서는 서로 잘 이해하고 있었다는 것과 정부도 평화적인 원자력 기술을 위해 많이 이바지해 왔음을 상기시키고, 물리학자들이 발표한 성명은 대부분이 오해에서 비롯되었다고 했다. 아데나워는 핵무장 문제에서는 자신에게 선택의 여지를 남겨 두고자 했던 그의 취지를 충분히 이해하면 쉽게 합의점에 이를 것이라고 했다. 하이젠베르크는 자신이 아직도 건강이 좋지 않기 때문에 핵무장과 같은 중요한 문제를 놓고 대결하는 것은 무리라고 대답했다. 그는, 아데나워가 물리학자들에게 설명할 취지라는 것에는 독일 군사력의 취약점과 소련의 위협, 따라서 독일이 미국의 원조에만 의존할 수 없다는 것 외에 다른 것이 있을 수 없다는 것을 잘 알고 있었다. 물리학자들은 독일에 대한 영국이나 미국의 감정을 잘 알고 있었기 때문에 독일의 핵무장이 큰 문제를 야기할 것이라고 생각했고, 그렇지 않아도 불안정한 정치 상황을 핵무기가 더욱 악화시킬 것이라고 판단했다.

아데나워는, 물리학자들이 인간의 선의를 믿고 있고, 따라서 어떤 폭력의 사용도 증오한다는 사실을 잘 이해하고 있다고 했다. 모든 나라의 핵무장을 반대하고, 평화적 수단을 이용해 국제적 갈등을 해결해야 한다고 호소하는 성명이라면 자신도 거기에 서슴없이 동참했을 것이라고 했다. 그러나 물리학자들의 성명은 독일의 국방력을 약화시킬 수 있는 내용을 포함하고 있어 결국은 독일에게 불리하게 작용할 것이라고 했다.

하이젠베르크는 아데나워의 이런 주장에 대해 매우 격렬하게 물리학자들의 입장을 옹호했다. 하이젠베르크는, 물리학자들이 이상주의자가 아니라 냉철한 현실주의자로서 행동하고 있다고 말했다. 물리학자들은 독일의 핵무장이 독일의 정치적 입지를 약화시킬 것이 틀림없으며, 국가 안보도 핵무장으로 말미암아 극도로 나빠지게 될 것을 확신하고 있다고 말했다. 그 당시 아데나워가 물리학자들의 행동에 대하여 얼마나 불만족스러워했는지를 정확하게 알 수는 없다. 몇 년 뒤에 그는 하이젠베르크에게 보낸 편지에서 자신과 의견을 달리하는 정치적 견해도 충분히 존중했다고 말했다. 그러나 그는 근본적으로 모든 정치적 협상에서 주어진 한계를 충분히 인식할 줄 아는 사람이었고, 주어진 한계 안에서 앞으로 나아 갈 수 있는 길을 발견하는 것을 즐거움으로 생각하는 사람이 었다. 아데나워는 상당한 기간 동안 게슈타포에 의해서 좁은 감방에서 질이 나쁜 급식을 받으며 감금되었던 적이 있었다. 하이젠베르크는 영국의 좋은 환경에서 억류 생활을 했던 기억이 떠올라 그에게 그 기간이 얼마나 고통스러웠느냐고 물었다. 그랬더니 그는 다음과 같이 대답했다.

"아마 당신도 아시겠지만 사람이 그같이 좁은 감방에 감금되어서 며칠, 몇 주 그리고 몇 달 동안 전화 한 통, 방문자 한 명 없이 지내면 깊은 사색에 잠길 수 있습니다. 나는 아주 조용히 그리고 침착하게 오로지 혼자서, 지나간 일들과 앞으로 닥쳐올 일들에 대하여 깊이 생각할 수 있었습니다. 그것은 참으로 얻기 어려운 좋은 기회였습니다."

19) 통일장이론 1957-1958

1957년 가을 이탈리아의 파도바에서 원자물리학회가 개최되었을 때 베네치아 항구의 맞은편에 있는 산조르지오마조레섬을 소유하고 있던 치니 백작이 학회에 참석한 사람들 중 연장자들을 이 섬에 있는 수도원에 머물도록 초대했다. 그 가운데는 파울리와 하이젠베르크도 포함되어 있었다. 한적한 수도원과, 베네치아에서 파도바까지 오고가는 길은 물리학자들이 토론을 하기에 적당한 장소가 되어 주었다. 그때 물리학자들의 관심사는 중국계 미국인 리정다오李政道와 양전닝楊振寧이 발견한 베타붕괴에서 관측된 대칭성의 붕괴였다. 그때까지 자연법칙의 중요한 요소로 여겨졌던 좌우대칭성이 베타붕괴 과정에서 성립되지 않는다는 것이 밝혀진 것이다. 20년 전에 베타붕괴 시 중성미자가 방출될 것이라고 예측했던 파울리는 새로운 발견에 특별히 관심이 많았다.

파울리와 하이젠베르크는, 가장 단순하고 질량이 없는 이러한 입자들에 의해 표현되는 대칭성은, 그 밑바탕에 깔려 있는 자연법칙의 대칭성을 반영한다고 생각했다. 그런데 지금 이와 같이 입자들의 대칭성이 결여되어 있다면 근본적으로 자연법칙에도 좌우대칭성이 결여되어 있음을 의미했다. 대칭성 붕괴를 발견한 사람들 가운데 한 사람인 리정다오가 그 회의에 참석했는데 그도 하이젠베르크와 견해를 같이했다. 두 사람은 그들이 묵고 있던 수도원 안뜰에서, 관찰된 비대칭성으로부터 이끌어 낼 수 있는 결론에 대하여 긴 대화를 나누었다. 리정다오는 새로운 중요한 연관성이 바로 저 모퉁이에 와 있는 것 같다고 말했다. 그러나 그 모퉁이를 지나가는 일이 얼마나 쉬울 것인지 또는 얼마나 어려울 것인지에 대하여는 알 수 없다고 했다.

회의에서 돌아온 후 하이젠베르크는 이 문제를 본격적으로 연구하기 시작했다. 하이젠베르크는 가능하면 자연에서 관찰되는 모든 대칭성을 짜임새 있는 형식으로 표현할 수 있는 하나의 장방정식을 발견하고 싶었다. 하이젠베르크는 베타붕괴에서 결정적인 역할을 하는 상호작용을 이용하였는데 리정다오와 양전닝의 발견으로 인해 간결하면서도 궁극적인 형태의 장방정식을 얻을 수 있었다.

1957년 늦가을에 하이젠베르크는 제네바에서 학술 강연을 끝마치고 돌아오는 길에 자신이 시도하고 있는 장방정식에 대하여 파울리와 의논하기 위하여 취리히에 잠시 들렀다. 파울리는 하이젠베르크가 시작한 방향으로 계속 나아가 보라고 했다. 그것은 하이젠베르크에게 큰 힘이 되었다. 그 후 하이젠베르크는 몇 주일 동안 물질의 내부 상호작용이 표현될 수 있는 여러 가지 형식의 방정식에 대한 연구를 계속했다. 그러던 어느 날 고도의 대칭성을 갖는 장방정식이 떠올랐다. 그것은 디랙의 방정식보다 별로 복잡하지 않았지만 상대성이론의 시간과 공간의 구조뿐만 아니라 양성자와 중성자 사이의 대칭성까지도 포함하고 있는 것이었다. 이 방정식은 분명히 자연에 나타나고 있는 대칭성의 대부분을 나타내고 있었다. 하이젠베르크의 편지를 받아 본 파울리도 대단한 관심을 보였다.

이 방정식은 매우 복잡한 소립자들의 상호작용을 전체적으로 아우르기에 충분해 보였고, 아울러 이 영역에서 단순히 우연이라고 생각할 수밖에 없는 것 이외에는 모든 것을 확정시킬 수 있는 하나의 틀처럼 보였다. 파울리와 하이젠베르크는 이 방정식을 소립자의 통일적인 장이론의 밑바탕으로 삼을 수 있을 것인지에 대해 공동으로 연구하기로 했다.

이 방향으로 한 발짝씩 깊이 들어감에 따라 파울리는 거의 열광적인 상태가 되었다. 파울리가 이렇게 흥분 상태에 있는 모습을 전에는 본 적이 없었다. 그때까지의 연구 과정에서 그는 모든 이론적 시도에 대해 비판적이고 회의적인 반응을 보였다. 그러나 이번에는 새로운 장방정식을 바탕으로 자연의 큰 연관성을 자신이 정식화해 보고 싶어 했다. 그는 단순성과 고도의 대칭성을 갖추고 있는 이 방정식이야말로 소립자의 통일장이론으로 향하는 올바른 출발점이 될 수 있으리라고 생각했다. 하이젠베르크 또한 지금까지 오랫동안 찾아 헤맸던 소립자 세계를 향한 문의 열쇠를 손에 쥔 것 같은 새로운 가능성에 매료되어 있었다. 물론 기대하는 목표에 도달하기 위해서는 많은 어려움을 극복해야 한다는 것을 잘 알고 있었다. 1957년 크리스마스 직전에 하이젠베르크는 파울리로부터 편지를 받았다. 수학적인 내용이 대부분인 그 편지에는 중간중간에 그가 느낀 고조된 분위기가 고스란히 나타나 있었다.

몇 주일 후 파울리는 미국으로 떠나게 되어 있었다. 그곳에서 3개월 동안 강의가 계획되어 있었기 때문이다. 아직 연구가 미완성인 상태에서 흥분도 가라앉지 않은 그가 미국 사람들의 실용주의 분위기 속으로 젖어 든다는 것은 바람직한 일이 아니었다. 하이젠베르크는 그 여행을 중단하라고 권고

했지만 계획을 변경할 수는 없었다. 두 사람은 파울리가 미국으로 떠나기 전에, 논문의 초고를 작성하여 이 분야에 관심을 가지고 있던 몇몇 친분이 있는 물리학자들에게 보냈다.

파울리와 하이젠베르크 사이에는 대서양이라는 바다가 가로막고 있었다. 파울리의 편지가 차츰 뜸해졌다. 하이젠베르크는 파울리의 편지에서 피곤과 체념을 느낄 수 있었지만 파울리는 여전히 연구를 계속하고 있는 것 같았다. 그런데 갑자기 파울리가 아주 쌀쌀하게 하이젠베르크와의 공동 연구를 더 이상 하고 싶지 않다는 뜻과 공동 발표도 포기하겠다는 결심을 편지로 전했다. 그리고 논문의 초고를 보냈던 물리학자들에게도 그런 내용의 편지를 보냈다. 그는 그때까지의 연구 결과에 대한 권리를 전부 하이젠베르크에게 양도하겠다고 했다. 그 후로는 한동안 두 사람 사이에는 서신 왕래가 없었다.

그 후 1958년 7월 제네바에서 열렸던 학회에서 파울리와 하이젠베르크가 다시 만났다. 하이젠베르크는 학회에서 장방정식에 대한 그때까지의 연구 결과를 발표했다. 파울리는 하이젠베르크에게 정면으로 맞섰다. 그는 그 비판이 부당한 것으로 생각되는 경우에도 시시콜콜 물고 늘어졌다. 몇 주일 후에 파울리와 하이젠베르크는 밀라노 부근에 있는 코모호 부근의 작은 도시 바레나에서 만나 다시 한번 긴 얘기를 나눴다. 경사진 높은 정원의 테라스에서 호수의 대부분을 바라볼 수 있는 별장에서 매년 정기적으로 학회가 열리고 있었는데 그해 학회의 주제는 소립자물리학에 관한 것이었다. 파울리와 하이젠베르크는 강사로 초대되었다. 파울리는 하이젠베르크에게 친절하였으나 어딘지 딴사람 같아 보였다. 그들은 자주 공원과 호수 사이에 있는, 장미꽃으로 덮인 돌울타리를 왔다 갔다 하거나 꽃밭 사이에 놓여 있는 벤치에 앉아서 이야기를 했다. 파울리는 하이젠베르크에게 모든 것을 체념한 것 같은 말을 했다.

"나는 당신이 이 문제를 계속 연구하는 것이 좋겠다고 생각해요. 당신은 이제부터 해결해야 할 문제가 많이 남아 있다는 것을 잘 알고 있을 거예요. 시간이 흐르면 현재 당면하고 있는 문제들이 해결되리라고 생각하고 있어요. 아마도 모든 것이 우리가 기대했던 그대로일지도 모르고, 당신의 낙관주의가 전적으로 옳은 것일지도 몰라요. 그러나 이제 내가 할 수 있는 일은 없을 것 같아요. 나는 더 이상 당신을 도울 힘이 없어요. 아마도 당신과 당신의 젊은 공동 연구자들은 나 없이도 잘 해낼 수 있을 겁니다. 나는 모든 것에 너무 지쳤으며, 따라서 이대로 만족할 수밖에 다른 도리가 없어요."

하이젠베르크는 파울리를 위로하려고 노력했다. 지난 크리스마스 때 기대했던 것만큼 연구가 빨리 진행되지 않아 잠시 실망했을 뿐이지 다시 시작하면 힘을 낼 수 있으리라고 했지만 파울리는 끝내 자신의 생각을 바꾸지 않았다.

1958년 말에 하이젠베르크는 파울리가 응급수술을 받다가 사망했다는 놀라운 소식을 받았다. 그때 파울리는 58세였다.

20) 소립자와 플라톤철학 1961-1965

하이젠베르크가 전쟁이 끝난 후에 공동 연구자들과 함께 설립한 막스플랑크 물리학 연구소 및 천체물리학 연구소는 1958년 가을에 뮌헨으로 옮겨 갔다. 하이젠베르크의 새로운 연구소에서는 하이젠베르크와 젊은 과학자들이 각자 관심이 있는 영역에 대한 연구를 하고 있었다. 한스 페터 뒤르는 소립자의 통일장이론 연구에 흥미를 가지고 있었다. 그는 독일에서 성장하였지만 미국에서 물리학을 공부하고, 캘리포니아에서 오랫동안 에드워드 텔러의 조수로 있다가 독일로 돌아와 연구를 하고 있었다. 하이젠베르크와 바이츠제커 그리고 뒤르는 종종 하이젠베르크의 연구실에서 통일장이론에 대해 토론을 벌였다.

바이츠제커 지난해에 통일장이론에 진전이 있었는지 알고 싶군요.

뒤르 자연법칙의 대칭성이 소립자들의 상호작용에서 성립되지 않는다면 그것은 소립자들의 토대가 자연법칙보다 대칭적이지 않다는 것을 의미합니다. 우리가 연구하는 통일장방정식에 의하면 그것은 가능한 일이며, 대칭적인 장방정식과도 모순되지 않습니다.

바이츠제커 그러니까 장방정식이 여러 가지 형태의 우주를 허용하고 있다는 말이로군요. 그것은 또한 우연이 우주에서 중요한 역할을 한다는 말이 됩니다. 지금까지의 물리학 관점에서 보아도 그것은 그리 놀랄 만한 일이 아닙니다. 우주의 형태를 결정하는 초기 조건은 자연법칙에 의해 결정되는 것이 아니라 우연적 사건에 의해 결정될 수 있기 때문입니다. 우주가 같은 자연법칙을 가지고 있더라도 초기 조건이 다르면 전혀 다른 형태의 우주가 될 수 있어요. 우주의 일반적인 특성들은 일반상대성이론에서와 같이 단순화된 모델을 통해서 표현될 수 있을 겁니다. 그 바탕에 놓여 있는 장방정식에 의해 어떤 모델은 허용되고 어떤 모델이 배제될 것인지가 결정될 겁니다. 소립자의 스펙트럼은 이 가능한 모든 모델에서 조금씩 다르게 보일지도 모릅니다. 그렇다면 우리는 소립자 스펙트럼으로부터 우리 우주의 대칭성을 이끌어 낼 수 있을 것입니다.

뒤르 바로 그것이 우리가 바라는 바입니다. 예를 들어 우리는 얼마 전에 이 대칭성에 대하여 하나의 가정을 했는데, 그것은 소립자의 새로운 실험에 의해 부정되었습니다. 그래서 우리는 실험 사실에 맞는 새로운 가정을 찾아내야 했습니다. 통일장이론은 관찰된 현상들을 일반적인 연관성 안에서 질서 있게 정돈하는 데 필요한 충분한 유연성을 갖고 있습니다.

바이츠제커 나는 우연성의 영역에서 일회적인 것과 우연적인 것 사이에 근본적인 구분이 있어야 한다고 믿어요. 우주는 일회적으로 존재합니다. 따라서 우주의 대칭성은 태초에 있었던 일회적인 결정입니다. 그리고 후에 우연적인 사건들에 의해 은하와 별들이 형성되었어요. 태초에 있었던 일회적인 결정에는 자연법칙도 포함돼야 할 것입니다.

하이젠베르크 나는 태초에 있었던 일회적 결정을 더 강조하고 싶어요. 이 결정은 대칭성을 일회적으로 확립하고 있어요. 그리고 그것은 그 후에 전개되는 사건들을 광범위하게 규정하는 형식을 설정했어요. 그 후 우주의 발전 과정에서는 우연한 사건들이 개입하게 되었지요. 그러나 그 우연 또한 태초에 설정된 형식에 따르고 있으며 양자이론의 확률 법칙을 만족시킵니다. 생물의 발생도 마찬가지예요. 우리가 살고 있는 행성의 환경조건이, 유전정보를 저장할 수 있는 이중나선 구조를 가진 분자를 만드는 복잡한 유기화학을 가능케 했어요. 핵산이 유전정보의 저장소로서 적합하다는 것은 이미 증명되었어요. 핵산을 유전정보의 저장소로 사용하기로 한 일회적인 결정이 그 후 생물학을 규정하는 하나의 형식을 설정했고요. 그리고 그 후의 진화 과정에서는 우연이 중요한 역할을 했어요. 소립자는 플라톤의 『티마이오스』에서 설명한 정다각형과 비교할 수 있을 겁니다. 그것은 물질의 원형이었어요. 핵산은 생명체의 원형이에요. 이 원형은 넓은 범위에 걸친 모든 사건을 규정하고 있어요. 그것이 중심질서예요. 모든 발전 과정에서 우연이 중요한 역할을 하더라도 그 우연 또한 어떤 방식으로든지 이 중심질서와 연결되어 있겠지요.

바이츠제커 선생님 말씀은 우연이 사실은 우연이 아니라는 뜻인 것 같습니다. 우연 역시 양자역학의 확률법칙을 이용해 수학적으로 정식화하는 것이 가능하다는 말씀이겠지요. 우연처럼 보이는 개별적인 사건도 전체와 어떤 연관성을 가질 가능성이 있다고 말씀하시는 것으로 이해하겠습니다.

이 대화는 일단 여기서 중단되었다. 그러나 며칠 뒤에 하이젠베르크가 방청객으로 참석했던 한 토론회에서 이와 관련된 토론이 다시 있었다. 막스플랑크 행동생리학 연구소에서는 뛰어난 생물학자인 콘라트 로렌츠와 에리히 폰 홀스트가 그들의 공동 연구자들과 함께 동물들의 생태에 대해 연구하고 있었다. 이 연구소에서는 매년 가을에 생물학자, 철학자, 물리학자, 화학자들이 모여 생물학의 기본적인 문제, 특히 인식론적인 문제에 대하여 '육체와 영혼의 토론'이라고 불린 정기적인 토론회를 가졌다. 생물학 분야에 지식이 없었던 하이젠베르크는 이 토론회에 방청객으로 참석했다.

그날의 주제는 다윈의 진화론에서 핵심적인 역할을 하는 돌연변이와 자연선택에 관한 것이었다. 토론의 요지는 다음과 같았다. 진화는 인류가 도구를 발전시켜 온 것과 비슷한 방법으로 이루어졌을 것이다. 물 위에서 이동하기 위해 우선 노를 젓는 배가 만들어졌고, 배가 만들어지자 더 많은 사람들이 물가에 살게 되었다. 물에 익숙해진 사람들은 돛을 달고 풍력을 이용해 나아가는 범선을 만들었고, 범선이 노를 젓는 배들을 밀어냈다. 그러다가 증기기관을 이용하는 증기선이 등장해 범선을 추방했다. 다양한 종류의 생물 종 사이에서 일어나는 자연선택도 이러한 방법으로 진행되었을 것이다. 진화에서 중요한 역할을 하는 돌연변이는 우연이 개입된 사건이다. 우연한 돌연변이에 의해 나타난 새로운 종의 대부분은 자연선택 과정에서 도태되고, 주어진 환경조건에 적응할 수 있었던 극히 소수의 종만 남게 된다.

그러나 하이젠베르크는 기술의 발전 과정과 다윈의 진화 과정에서는 우연이 다른 역할을 하고 있다고 생각했다. 인간이 관여하는 기술의 발전은 우연을 통해서가 아니라 인간의 의지와 추구를 통해서 이루어진다고 본 것이다. 생명체의 진화 과정에도 의지라는 개념을 적용할 수 있을까? 본래 의지라는 말은 인간의 경우에만 사용할 수 있는 개념이다. 그러나 소시지를 먹을 욕심으로 부뚜막에 오르는 강아지의 경우에는 의지라는 말을 사용해도 큰 무리가 없을 것이다. 하지만 박테리아에 접근하고 있는 박테리오파지가 박테리아 속으로 침투하려는 의지를 가지고 있다고 말할 수 있을까? 만약 이것도 의지라고 한다면 주위 환경에 적응할 수 있도록 변화해 가고 있는 유전자도 의지를 가지고 있다고 인정해야 할 것이다. 물론 이렇게 이야기하면 의지라는 말을 지나치게 확대해석하고 있다고 비난할 것이다. 다윈의 진화론에서 그토록 중요한 구실을 하고 있는 우연은 양자역학 법칙의 결과일지 모르기 때문에 실제로는 단순한 우연 그 이상의 무엇인지도 모른다.

하이젠베르크의 연구소에는 소립자의 통일장이론과 관련해서 제기된 문제들을 연구하는 젊은 물리학자 그룹이 형성되어 있었다. 제네바와 브룩헤이븐에 있는 거대 입자가속기에서 수행된 실험들이 소립자의 스펙트럼에 대한 상세한 새로운 정보를 제공하고 있었으므로 이론이 옳은 결론을 이끌어 내고 있는지 확인해 볼 수 있었다. 시간이 지나면서 통일장이론의 윤곽이 드러나기 시작했고, 이에 따라 바이츠제커는 통일장이론의 철학적 해석에 관심을 갖게 되었다. 하이젠베르크를 방문한 바이츠제커는 그가 생각하고 있는 기본적인 아이디어에 대해 설명했다.

"가능하면 가장 간단한 것으로부터 시작하는 것이 좋을 것 같습니다. 두 가지의 가능한 상태에서 출발하는 겁니다. 우리 일상생활에서는 두 가지 상태만으로는 아무것도 설명할 수 없습니다. 그러나 양자이론에서는 두 가지 상태로도 아주 많은 상태를 이끌어 낼 수 있습니다. 예를 들어 업과 다운을 서로 다른 확률 상태로 결합하면 무수히 많은 가능한 상태가 만들어집니다."

"플라톤이 삼각형을 이용해 여러 가지 정다면체를 만들려고 했던 것처럼 소립자를 두 가지 상태를 이용해 구성해 보고 싶다는 말인 것 같군요. 두 가지 상태는 플라톤이 『티마이오스』에서 사용한 삼각형과 같은 물질은 아니지요. 그러나 양자 이론의 논리를 이용하면 두 가지 상태만으로도 복잡한 세상을 이루고 있는 기본 형식을 이끌어 낼 수 있어요. 따라서 두 가지 상태로부터 대칭성이라는 특성을 증명할 수 있을 겁니다. 소립자의 특성들은 수학적인 형식에 의해서 표현되어야 하겠지요. 이 형식은 결국 소립자라는 객체에 상응하는 소립자의 이념일 것입니다."

이때 멀리 떨어져서 우리의 대화를 듣고 있던 하이젠베르크의 아내가 끼어들었다.

"당신들은 요즘 젊은 세대들이, 당신들이 논하고 있는 커다란 연관성 문제에 관심이나 있는 줄 아세요? 젊은 세대들의 관심은 대부분 개별적인 사건에 쏠려 있어요. 커다란 연관성 같은 것은 거의 거론해서는 안 되는 터부가 되어 버렸어요."

하이젠베르크가 대답했다.

"개별적인 작은 일에 관심을 가지는 것은 결코 나쁜 일이 아니며 오히려 필요한 것이에요. 왜냐하면 커다란 연관성을 이해하기 위해서는 우선 개별적인 일들에 대해 알아야 하니까요. 그리고 터부라는 것도 그렇게 나쁘게 생각할 필요가 없어요. 터부는 사람이 그것에 대해 언급하는 것을 금지하기 위해서 있는 것이 아니라 많은 사람들의 수다와 조롱에서 보호하기 위해 있는 것이니까요."

플라톤은 세상의 원형이 이데아의 세계에 있다고 했지만, 그것이 원자보다 작은 세계에서 발견될 수 있을지도 모른다. 우주의 시간 척도에서 본다면 우리가 살아갈 시간은 매우 짧을지 모르지만 생활도, 음악도, 학문도 그 시간을 통해 발전해 왔고, 앞으로도 끊임없이 발전할 것이다.

하이젠베르크의
『부분과 전체』
읽기

[세창명저산책]

· 세창명저산책은 계속 이어집니다.